Superintelligenz?

JAHRBUCH DER KARL-HEIM-GESELLSCHAFT

33. JAHRGANG 2020/2021

Ulrich Beuttler / Markus Iff / Andreas Losch /
Markus Mühling / Martin Rothgangel (Hrsg.)

Superintelligenz?

Möglichkeiten und Grenzen Künstlicher Intelligenz
in interdisziplinärer Perspektive

PETER LANG

Bibliografische Information der Deutschen Nationalbibliothek
Die Deutsche Nationalbibliothek verzeichnet diese Publikation
in der Deutschen Nationalbibliografie; detaillierte bibliografische
Daten sind im Internet über http://dnb.d-nb.de abrufbar.

ISSN 2367-2110
ISBN 978-3-631-86928-4 (Print)
E-ISBN 978-3-631-86931-4 (E-PDF)
E-ISBN 978-3-631-86932-1 (EPUB)
DOI 10.3726/b19183

© Peter Lang GmbH
Internationaler Verlag der Wissenschaften
Berlin 2021
Alle Rechte vorbehalten.

Peter Lang – Berlin · Bern · Bruxelles ·
New York · Oxford · Warszawa · Wien

Diese Publikation wurde begutachtet.

www.peterlang.com

Inhaltsverzeichnis

Vorwort

Forschung und Entwicklung von Systemen mit künstlicher Intelligenz haben in den letzten Jahren große Fortschritte gemacht. Roboter und Algorithmen können manches besser lernen als der Mensch. Selbstlernende Programme spielen besser Schach als Menschen, erkennen Emotionen, können in Tests oft nicht von Menschen unterschieden werden. Sie entwickeln sich selbständig weiter. Entwickelt sich Künstliche Intelligenz (KI) zu einer Art Superintelligenz, die menschliche Intelligenz ersetzen kann? Liegt in ihr die Zukunft der Menschheit? Was genau ist Intelligenz, wie unterscheidet sich natürliche von künstlicher Intelligenz und was haben sie miteinander zu tun?

Die Jahrestagung der Karl Heim Gesellschaft 2019, die an der Theologischen Hochschule Ewersbach in Dietzhölztal stattfand, stellte sich diesen Fragen. Auch das Wissenschaftsjahr 2019 widmete sich der Künstlichen Intelligenz. Der Fokus der Tagung lag dabei weniger auf den utopischen oder dystopischen Zukunftserwartungen im Umfeld des Themas, wie sie mit den Visionen Ray Kurzweils oder Nick Bostroms verbunden werden, als auf den realistischen Möglichkeiten und gegenwärtigen Herausforderungen der KI und ihrer Entwicklungen. Das Besondere der in diesem Band versammelten Tagungsbeiträge und eines weiteren Beitrags des Informatikers Heribert Vollmer ist der interdisziplinäre Blick auf die Möglichkeiten und Grenzen der KI.

Ulrike Barthelmeß und *Ulrich Furbach* befassen sich in ihrem Beitrag einführend und grundlegend mit den Möglichkeiten und Grenzen der KI. Ausgehend von einem historischen Überblick, werden die grundlegenden Techniken für maschinelles Lernen und Wissensverarbeitung aufgezeigt, und ebenso Fragen der Ethik und des Bewusstseins von KI-Systemen angesprochen. Es gibt zwar problematische Aspekte des Einsatzes von KI, die Autoren kommen jedoch zu dem Schluss, dass KI nicht per se gut oder schlecht sei, sondern es darauf ankommt, wie wir die künstlichen Intelligenzsysteme einsetzen und nutzen.

Der Psychologe *Wolfgang Mack* bestimmt antizipatorische Verhaltenssteuerung als Grundgerüst für intelligentes Verhalten. Vergleichbar mit den Intelligenzorganen hat sich die natürliche Intelligenz im Laufe der Evolution entwickelt. Die Frage nach einem nicht anthropozentrisch und biozentrisch begrenzten Intelligenzbegriff muss, so Mack, am Zweck der Intelligenz ansetzen. Dies erfordert jedoch eine allgemeine Theorie der Intelligenz, in der die Fähigkeit zur Trennung von Regelmäßigkeit und Zufall integriert ist. Vor diesem Hintergrund ist die Hypothese einer weit über die menschliche Intelligenz hinausgehenden Superintelligenz sehr fragwürdig.

Klaus Mainzer, Mathematiker, Grundlagentheoretiker und Philosoph, erörtert das Verhältnis von verantwortungsvoll gebrauchter KI und menschlicher Autonomie. Er legt eine Definition von KI vor und weist dabei auf die Gemeinsamkeiten mit der evolutionär entstandenen menschlichen Intelligenz hin. Mainzer erläutert die Entwicklung der KI und schlägt ein breites Autonomieverständnis vor, das heutige KI-Systeme einschließt. In Zukunft wird es daher weniger um die erkenntnistheoretische Frage gehen, wann KI-Systeme zur Autonomie fähig sind, sondern um die ethische und rechtliche Frage, bis zu welchem Grad wir die technische Entwicklung autonomer Systeme zulassen wollen.

Der Informatiker *Heribert Vollmer* geht der Frage nach, inwiefern informationstechnische Systeme Intelligenz simulieren und ob durch den Bau hochkomplexer Systeme wirklich künstliches Bewusstsein oder ein künstlicher Geist entstehen kann. Wie er zeigt, sind diese Fragen eng verwandt mit der Frage, wie im Laufe der Evolutionsgeschichte überhaupt der Geist im Universum entstehen konnte und wie der Geist im Menschen entstand. Vollmer diskutiert kritisch das Paradigma des „Konnektionismus", eines kognitionswissenschaftlichen Ansatzes, der mentale Phänomene mithilfe sog. „(künstlicher) neuronaler Netze" erklären will, die auf symbolischen Berechnungen beruhen.

Andreas Losch denkt über die Konstellation von Intelligenz, Moral und Maschinen nach. Kann eine künstliche Intelligenz sich auch moralisch verhalten? Können Roboter Gutes und Böses beurteilen, wenn sie nur entwickelt genug sind? Diese Frage der Maschinenethik ist verschieden von der Frage, wie wir als Menschen die Handlungen oder Aktionen von programmierten Maschinen beurteilen. Dass Maschinen für uns Entscheidungen treffen, jedenfalls gehört zum Phänomen der KI. Ihre Verheißung ist, dass die KI selbst in einer schwierigen Situation den besseren Schluss zieht als der überforderte Mensch. Was aber, wenn sie sich gegen uns entscheidet?

Die Entwicklung informationstechnischer Systeme und der KI wirft aus theologischer Sicht Fragen nach dem Proprium menschlicher Intelligenz auf. *Markus Iff* untersucht, wie die Verstehensdimension menschlicher Intelligenz im Sinne von phänomenalem und intentionalem Bewusstsein, die eine notwendige Bedingung für die Entstehung von Sprache, Kommunikation, Sozialität, Wissenschaft und Religion ist, konstruktiv auf formalisierbare und regelorientierte Prozesse der KI bezogen werden kann. Der Theologie geht es um Dimensionen menschlichen Daseins als geschöpflichem Leben, die nicht instrumentalisierbar, formalisierbar und konstruierbar sind und doch fundamental für menschliches Leben. Informationstechnische Systeme können das Interagieren der Menschen mit der Wirklichkeit der Welt erweitern, auch wenn sie die Interaktionen zwischen Menschen als körpergebundenen Entitäten nicht ersetzen.

Wir danken allen Mitgliedern, Mitarbeitenden und Freunden der Karl-Heim-Gesellschaft für die Unterstützung in dem zurückliegenden Jahr, das von der Corona-Pandemie geprägt war und auch die Arbeit der Karl-Heim-Gesellschaft eingeschränkt hat. Umso mehr freuen wir uns, dass sie uns gewogen geblieben sind. Vielen Dank auch schon im Voraus für jede weitere Unterstützung in den kommenden Monaten und Jahren.

Für die Herausgeber: Markus Iff und Andreas Losch im Juli 2021

Ulrike Barthelmeß, Ulrich Furbach

Künstliche Intelligenz, quo vadis?

Abstract: The introductory article deals with the possibilities and limits of artificial intelligence, the question of where it is going. Starting with a historical overview, the basic techniques for machine learning and knowledge processing are highlighted. Likewise, questions of ethics and awareness of AI systems are discussed. While there are problematic aspects of the use of AI, the authors conclude that AI is not good or bad per se, but it is how we use it that matters.

Die Geschichte der Künstlichen Intelligenz (KI) ist eine recht wechselhafte.[1] Von einer anfänglichen Euphorie in den 1950er Jahren ging es wellenförmig durch Höhen und Tiefen: War man zu Beginn recht optimistisch, mit logischen, symbolischen Verfahren Probleme wie maschinelles Übersetzen, Bild- und Textverstehen oder Robotersteuerung innerhalb weniger Jahrzehnte zu lösen, musste man schließlich diese anfänglichen Vorstellungen nachjustieren. Die 1980er sahen dann die Hochzeit der Expertensysteme, deren Ziel es war, Wissen von spezialisierten Experten in einem KI-System verfügbar zu machen. Danach folgte eine Periode der Ernüchterung, der sogenannte KI-Winter. Die öffentlichen Forschungsgelder wurden zurückgefahren, viele der großen Projekte, so etwa das japanische 5th Generation Project oder das europäische ESPRIT Programm wurden nicht weiterverfolgt.

Diese Haltung änderte sich allmählich, als 1997 ein Computer den damals amtierenden Schachweltmeister besiegte und 2011 das IBM-System Watson in der Quizshow Jeopardy gegen menschliche Champions gewann. KI wird omnipräsent: Wir sprechen mit Siri, Alexas und ähnlichen Assistenten, die automatische Sprachübersetzung hat es zu beachtlicher Reife gebracht, und Bilder und Videos werden automatisch ausgewertet. 2017 siegt überraschenderweise ein KI-System gegen einen Weltklasse-Go-Spieler. Die Robotik ist mittlerweile in unserem Alltag angekommen, sei es staubsaugend in unseren Wohnzimmern, in der Form von autonomen Fahrzeugen im Straßenverkehr und als intelligente Waffensysteme auf den Kriegsschauplätzen dieser Welt (diesen Aspekt werden wir im Abschnitt „Militärische Anwendungen" gesondert diskutieren).

---

1   Teile des folgenden Beitrags der Autoren sind in ähnlicher Form unter dem Titel „Künstliche Intelligenz aus ungewohnten Perspektiven" 2019 bei Springer Science and Business Media LLC erschienen.

Mittlerweile ist KI ein riesiger Wirtschaftsfaktor. Alle großen Unternehmen beschäftigen sich mit den Einsatzmöglichkeiten von KI, und dies quer durch alle Branchen. In Deutschland wurde der Begriff *Industrie 4.0*[2] geprägt, wodurch eine vierte industrielle Revolution angedeutet werden soll. Kai-Fu Lee hat dies mit folgendem Zitat eindrucksvoll formuliert: „KI wird bahnbrechender als die Erfindung der Elektrizität".[3]

Natürlich führt auch dieses hohe Maß an wirtschaftlicher Bedeutung zu einem breiten gesellschaftlichen Diskurs. Wir werden diesen Aspekt später in diesem Artikel aufgreifen. In den folgenden beiden Abschnitten wollen wir ein wenig hinabsteigen in die Niederungen der KI, was die Maschinerie, die Technik und Methoden angeht. Wir meinen, dass ein gewisses Grundverständnis darüber notwendig ist, um über Möglichkeiten und Grenzen in den folgenden Abschnitten zu sprechen.

Maschinelles Lernen und Algorithmen

Maschinelles Lernen gilt seit jeher als ein Teilgebiet der KI und in der Tat gibt es auch viele verschiedene Techniken und Methoden dazu. Nahezu alle oben erwähnten glänzenden KI-Erfolge beruhen auf maschinellem Lernen. Eine Möglichkeit, die wir hier exemplarisch diskutieren wollen, ist das *überwachte Lernen*. Soll ein System z. B. lernen, Bilder von Katzen zu erkennen, zeigt man ihm Katzenbilder als positive Beispiele, aber auch Bilder von anderen Tieren als negative Beispiele. Im Laufe dieser Lernphase werden die Komponenten des Systems so angepasst, dass die Fehlerrate beim Klassifizieren von Bildern möglichst gering wird. Die oben angesprochenen Erfolge der KI sind im Wesentlichen durch Lernverfahren erzielt worden, die sich an neuronalen Netzen von Lebewesen orientieren.

Vereinfacht können wir ein solches neuronales Netzwerk als Graphen, der aus Knoten und ihren Verbindungen untereinander besteht, darstellen.[4] Abbildung 1 zeigt ein kleines Spielbeispiel. An den roten Knoten liegen Eingabesignale an, die über die gewichteten Kanten weitergeleitet werden.

Die grünen Knoten sind Ausgabeknoten, die schließlich die Ausgabesignale liefern. Zahlen an den Kanten bedeuten, dass die Signale entlang der Kanten mit diesem Faktor multipliziert, also verstärkt oder abgeschwächt, werden. Was passiert nun in den einzelnen Knoten, wenn Signale eintreffen?

---

2   Wikipedia, 11.04.2021.
3   Lee, 2018.
4   Die folgende Erläuterung eines neuronalen Netzes ist entnommen aus Barthelmeß/ Furbach, 2019.

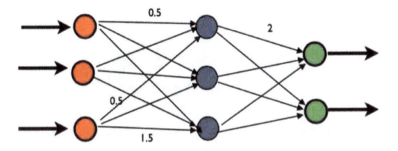

Abbildung 1: Künstliches neuronales Netz. An den roten Knoten liegen Eingabesignale an, die über die gewichteten Kanten weitergeleitet werden. Die grünen Knoten sind Ausgabeknoten, die schließlich die Ausgabesignale liefern. Zahlen an den Kanten bedeuten, dass die Signale entlang der Kanten mit diesem Faktor multipliziert, also verstärkt oder abgeschwächt, werden.

Die Rechenkapazität eines Knotens ist denkbar einfach: Er sammelt alle eingehenden Signale auf, addiert sie, und wenn sie einen vorgegebenen Schwellwert übersteigen, gibt er das Signal weiter auf der Kante, die ihn verlässt. Nehmen wir den oberen grünen Knoten in Abbildung 1: Drei Kanten von jeweils einem blauen Knoten erreichen ihn; das Signal des obersten blauen Knoten wird mit 2 multipliziert und zu den Signalen der beiden anderen blauen Knoten addiert. Nehmen wir an, jeder der blauen Knoten sendet den Wert 1; dann erhält unser grüner Knoten einmal den verstärkten Wert 2 und zweimal eine 1, also insgesamt das Erregungspotenzial 4. Je nach dem Schwellwert der Knoten wird nun ein Signal des grünen Ausgabeknotens gesendet. Nach diesem Schema passieren also Berechnungen mithilfe eines solchen künstlichen neuronalen Netzes. An den Eingabeknoten liegen numerische Werte an, diese werden gemäß den Gewichten an den ausgehenden Kanten an die Knoten der nächsten Schicht weitergeleitet; in unserem Beispiel sind das die drei blauen Knoten der Mittelschicht. Dort werden die Werte aufsummiert und an die Knoten in der nächsten Schicht weitergeleitet, im Beispiel sind dies die beiden grünen Knoten, die hier auch Ausgabeknoten sind und das Ergebnis liefern. Man kann sich nun vielleicht vorstellen, dass solche Netze dazu verwendet werden können, komplexe Berechnungen auszuführen.

Kommen wir zurück auf unser Beispiel, nämlich Katzenbilder lernen. In einem ersten Schritt muss das Bild in eine Folge von numerischen Werten konvertiert werden, da ja unsere roten Eingabeknoten Zahlenwerte erwarten. Im Prinzip können wir uns vorstellen, dass jedes Pixel des Katzenbildes einen

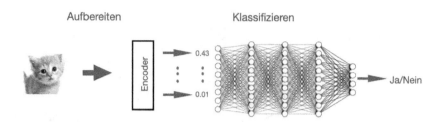

Abbildung 2: Katzenbild wird von einem Encoder aufbereitet und in numerische Werte zur Eingabe in ein neuronales Netz umgewandelt. Das Netz klassifiert das Bild, nachdem es trainiert wurde.

Zahlenwert ergibt und diese Zahlenwerte nun an die Eingabeknoten des Netzwerkes übergeben werden. In Abbildung 2 wird dies durch das Modul *Encoder* übernommen, die daran anschließende eigentliche Klassifizierung erfolgt nun ausschließlich auf der Basis der Zahlenwerte, die durch das Netzwerk „geschoben" werden, wie wir es an unserem kleinen Beispielnetz in Abbildung 1 gezeigt hatten. Nun können wir auch den eigentlichen Lernvorgang erläutern: Das neuronale Netz hat initial eine gegebene Gewichtung an all seinen Kanten; wenn nun eine Katze – bzw. das numerische Ergebnis des Aufbereitens – präsentiert wird, und das Netz klassifiziert korrekt, kann zum nächsten Bild übergegangen werden. Ist das Ergebnis jedoch falsch, also entweder erkennt das Netz eine Katze nicht oder es hält ein anderes Bild für ein Katzenbild, werden die Gewichte an den Kanten im Netz nach einem vorgegeben Verfahren leicht verändert und das Verfahren wird dann fortgesetzt. Auf diese Weise können Tausende solcher Lernzyklen durchgeführt und das Ergebnis an neuen Bildern getestet werden, bis die Fehlerrate klein genug ist. Das Netz mit der bis dahin gelernten Gewichtung an den Kanten stellt dann ein *gelerntes Modell für die Klassifikation von Katzenbildern* dar.

An dieser Stelle sollte klar sein, dass das hier demonstrierte Prinzip auf verschiedenste Weise variiert und erweitert werden kann. Es ist in den erwähnten Systemen zur Beherrschung von Go zu finden, es wird so bei der Übersetzung von Sprache verwendet, und auch autonome Fahrzeuge analysieren auf diese Art ihre Umgebung. In jedem Fall ist es aber so, dass die eigentliche Berechnung – in unserem obigen Beispiel das Klassifizieren von Bildern – im Netzwerk durch das gewichtete Summieren in den Knoten geschieht. Dort werden lediglich Zahlenwerte berechnet; nichts gibt einen Hinweis darauf, dass wir ursprünglich das Bild eines Tieres als Ausgangspunkt hatten. Das Ergebnis bekommen wir ohne Begründung; aus der Fehlerrate des gelernten Modells bekommen wir eine Wahrscheinlichkeit für Korrektheit.

Allerdings wird in vielen Diskussionen um den Einsatz der KI in kritischen Situationen wie z. B. beim Straßenverkehr, bei medizinische Einsätzen oder Kreditvergaben der Anspruch erhoben, dass die verwendeten Algorithmen sicher und daher überprüfbar sein müssen. Eine umgangssprachliche Definition für Algorithmus findet sich auf Wikipedia:[5]

> Ein Algorithmus ist eine eindeutige Handlungsvorschrift zur Lösung eines Problems oder einer Klasse von Problemen. Algorithmen bestehen aus endlich vielen wohldefinierten Einzelschritten.

Wenn wir nun ein neuronales Netz bzw. ein gelerntes Modell für die Lösung einer Aufgabe einsetzen, läuft da natürlich ein Algorithmus ab. Die Berechnungen in dem Netzwerk, die die numerischen Eingabewerte bis zu den Ausgangsknoten weiterschieben, folgen einem Algorithmus, der in der wohldefinierten Sprache der Mathematik beschrieben ist; auch ist die Vorschrift eindeutig und sie besteht aus endlich vielen Einzelschritten. Wir haben dies in der Erläuterung zu Abbildung 1 deutlich gemacht. Diese einzelnen Schritte haben jedoch nichts damit zu tun, wie wir Menschen uns – um bei unserem Katzenbeispiel zu bleiben – davon überzeugen, dass eine Katze abgebildet ist. Wir erkennen das Fell, die Schnurrhaare, die Größe und die Gesichtsform, und vieles anderes mehr bringt uns zu der Überzeugung, dass es sich um eine Katze handelt. Der Algorithmus, den das Netzwerk ausführt, wenn es zu einer Entscheidung kommt, manipuliert ausschließlich Zahlenwerte und hat nichts mit den Eigenschaften zu tun, die wir einer Katze zuschreiben und die wir überprüfen. Als Folge davon können wir von solch einem künstlichen neuronalen Netz auch keine Erklärung dafür erwarten, warum es sich um eine Katze handelt. Man kann sich aber durchaus Anwendungen vorstellen, in denen wir von einem KI-System erwarten, dass es uns eine Erklärung für seine Entscheidung liefert. Beispiele dafür wären medizinische Anwendungen, KI-Systeme, die Bewerbungen in Personalabteilungen vorsortieren, oder gar militärische Anwendungen, bei denen Menschenleben auf dem Spiel stehen.

In der KI-Forschung gibt es daher seit einiger Zeit einen Trend hin zur erklärbaren KI. Man versucht, verschiedenartige Techniken mit statistischen Methoden des maschinellen Lernens, wie eben neuronalen Netzen, zu kombinieren, um nicht nur Ergebnisse sondern auch Erklärungen dazu zu bekommen. Seit 2018 existiert das europäische Claire Netzwerk (Confederation of Laboratories for Artificial Intelligence Research in Europe),[6] das sich auch der

---

5   Wikipedia 31.03.2021.
6   https://claire-ai.org/, aufgerufen am 19.4.2021

Vision verschrieben hat, vertrauenswürdige KI-Systeme zu entwickeln, die die menschliche Intelligenz ergänzen, anstatt sie zu ersetzen, und die somit den Menschen zugutekommen.

Das Problem mit dem Wissen

Das bisher beschriebene Vorgehen lässt sich auch unter dem Schlagwort *statistische Methoden* einordnen. Man benutzt sehr viele Daten, um zu lernen. Im Gegensatz dazu gibt es eine reiche Tradition an KI-Methoden, die symbolisches Wissen einsetzen, um Probleme zu lösen. Hierbei wird Wissen mithilfe einer formalisierten Sprache so dargestellt, dass es von Computern verarbeitet werden kann. Im folgenden Beispiel wird Wissen durch logische Formeln zusammen mit einer Schlussfolgerung dargestellt. Über dem waagerechten Strich stehen Prämissen und darunter die Konklusion:

$$\frac{\forall x(mensch(x) \rightarrow sterblich(x)) \quad mensch(sokrates)}{sterblich(sokrates)}$$

Das Symbol $\forall$ steht hierbei für *für alle* und $\rightarrow$ für *impliziert*. Die erste Prämisse liest sich damit *für alle Objekte x gilt, wenn x ein Mensch ist, ist x auch sterblich*. Mithilfe der Schlussregel kann damit aus den beiden Prämissen das neue Wissen, nämlich dass Sokrates sterblich ist, hergeleitet werden. Deutlich wird durch dieses Beispiel auch, dass es sich hier um die Formulierung von Wissen über die Welt und nicht um mathematische Sachverhalte handelt. Wir können uns vorstellen, dass ein System, das solche Mechanismen verwendet, auch Erklärungen liefern kann. Im Beispiel etwa *Sokrates ist sterblich, weil er ein Mensch ist!*

Nun könnte man argumentieren, dass man lediglich mit solchen symbolischen Verfahren arbeiten müsste, um zu erklärbarer KI zu kommen. Dass dies leider nicht so einfach ist, wollen wir anhand des Alltagsschließens (commonsense reasoning), einem etablierten und wichtigen Teilgebiet der KI, verdeutlichen. Nehmen wir folgendes Beispiel aus einer Test-Datenbank für Alltagsschließen: Die Aufgabe ist dabei, einen Sachverhalt zu erklären, z. B. die Aussage *Mein Körper wirft einen Schatten auf das Gras.* Die Frage ist nun *Was war die Ursache dafür?* und die Test-Datenbank enthält dafür zwei alternative Antworten: *Die Sonne ist aufgegangen.* und *Das Gras wurde gemäht.* Das System muss nun die plausiblere der beiden Antworten auswählen. Man macht sich leicht klar, welches Wissen notwendig ist, um solche für den Menschen triviale Fragen zu beantworten. Man muss wissen, dass Schatten durch Beleuchtung zustande kommen und die aufgehende Sonne eine Lichtquelle darstellt, während die Beschaffenheit des Grases wenig mit dem Schattenwurf zu tun hat. Das Problem für ein künstliches System ist dabei, diese relevanten Teile des Wissens in der riesigen Wissensbasis zu identifizieren und dann auch zu verarbeiten. Das Verarbeiten selbst, also das logische Schlussfolgern aus einzelnen Fakten, ist bereits sehr gut untersucht. Es existieren zahlreiche leistungsfähige Systeme für logikbasiertes automatisches Schließen, die auch in der industriellen Software-Entwicklung eine wichtige Rolle spielen.

Nun findet man mittlerweile auch umfangreiche Wissensquellen, die man mit solchen wissensbasierten Systemen kombinieren kann. So benutzt, pflegt und erweitert der Suchmaschinen-Betreiber Google die sogenannten Knowledge Graphs, die Wissen in formalisierter Form zur Verbesserung von Suchanfragen enthalten. Im Mai 2020 waren darin 500 Milliarden Fakten zu 5 Milliarden Begriffen gespeichert. Trotz dieser riesigen Menge an Daten finden sich Suchmaschinen in Sekundenbruchteilen darin zurecht. Die Situation ist jedoch ungleich komplexer, wenn nicht nur etwas gesucht wird, sondern wenn Fakten-Wissen dazu benutzt werden soll, um Zusammenhänge, Erklärungen oder Begründungen zu finden. Wenn man also solche Wissensbasen in einem logikbasierten Schlussfolgerungssystem verwenden möchte, stößt man sehr schnell an Grenzen der Komplexität. Und so kommt es, dass im Bereich des Alltagsschließens statistische Methoden deutlich besser sind,[7] mit dem offensichtlichen Nachteil, dass sie nicht auch unmittelbar Erklärungen liefern können.

Im Forschungsprojekt CoRg (Cognitive Reasoning, http://corg.hs-harz.de) wird derzeit ein System entwickelt, das versucht einen wissensbasierten logischen Ansatz mit statistischen Methoden zu kombinieren.

Moralische Maschinen

Wir haben oben angesprochen, dass KI-Systeme für autonomes Fahren bereits erfolgreich entwickelt und auch in bestimmten Bereichen eingesetzt werden. Natürlich beschäftigt sich auch die Politik mit Regulierungsmöglichkeiten für autonome Fahrzeuge im öffentlichen Straßenverkehr. Die Frage ist hier, neben

---

[7] Kocijan et al., 23.04.2020.

der allgemeinen Sicherheit, ob und wie ein autonomes Fahrzeug das sogenannte Weichenstellerproblem (Trolley Problem) lösen wird. Hierbei handelt
es sich um ein ethisch moralisches Dilemma:

> Sie befinden sich am Weichenstellmechanismus einer Gleisanlage. Ein Zug rast auf
> eine Weiche zu, er droht dabei fünf Personen zu überrollen. Wenn Sie die Weiche
> betätigen, fährt der Zug auf das andere Gleis, wo er dann aber eine Person überrollt.

Wie soll sich der Weichensteller entscheiden? Wenn er nicht handelt, werden fünf Menschen getötet, wenn er handelt und die Weiche umstellt, wird
eine Person getötet. Solche oder ähnliche dilemmatischen Situationen
kommen in verschiedensten Bereichen vor, etwa in der Medizin oder der
Rechtsprechung. Diskutiert werden solche Fragestellungen seit Langem in
der Philosophie und dabei haben sich zwei gegensätzliche Auffassungen
herauskristallisiert: eine utilitaristische Auffassung, nach der es vertretbar
ist, ein Leben zu opfern, um fünf zu retten, und eine ethische und norme-
norientierte Auffassung, nach der die Norm, niemanden zu verletzen (also
nicht handeln), als stärker angesehen wird als die Norm, andere zu retten
(also die Weiche umstellen). Welches Vorgehen soll nun in einem autonomen Fahrzeug in einer dem Weichenstellerproblem vergleichbaren Situation
programmiert werden? Der Bundesverkehrsminister Deutschlands hat eine
Ethikkommission eingesetzt, die über automatisiertes und vernetztes Fahren im Juni 2017 einen Bericht vorgelegt hat. Darin wird ganz klar formuliert: „Technische Systeme müssen auf Unfallvermeidung ausgelegt werden,
sind aber auf eine komplexe oder intuitive Unfallfolgenabschätzung nicht
so normierbar, dass sie die Entscheidung eines sittlich urteilsfähigen, ver-
antwortlichen Fahrzeugführers ersetzen oder vorwegnehmen könnten".[8]
Tatsächlich scheint es derzeit nicht machbar, ethische Normen so zu formulieren und damit auch zu fixieren, dass sie von einem KI-System in komplexen und verschiedenartigsten Situationen angewendet werden können.

Wie komplex die Fragestellungen im Zusammenhang mit autonomen Systemen sind, zeigt auch ein anderer Teil des Berichts der Ethikkommission,
nämlich wenn das Thema 'selbstlernende Systeme' behandelt wird. Diesem
Bericht wird eine lange Liste von Forderungen, die von autonomen und vernetzten Fahrzeugen erfüllt werden sollen, vorangestellt. Wobei gerade Fragen
der Überprüfbarkeit der Systeme im Vordergrund stehen.

---

8   BMVI, 2017.

Wenn nun aber ein künstliches System lernt und sich damit weiterentwickelt, könnte es ja durchaus vorkommen, dass es sich dann im Vergleich zu seinem ursprünglichen Zustand, also dem vor dem Selbstlernen, anders verhält. Wir haben im Abschnitt 1 darauf hingewiesen, wie schwierig es ist, Entscheidungen von Systemen, die auf neuronalen Netzen basieren, zu erklären oder zu überprüfen. Das Fahrzeug würde dann ein Verhalten an den Tag legen, das sich keiner erklären kann.

Die Ethikkommission umgeht dieses Problem, indem sie erklärt: „Ein Einsatz von selbstlernenden Systemen ist beim gegenwärtigen Stand der Technik daher nur bei nicht unmittelbar sicherheitsrelevanten Funktionen denkbar."

Bewusste Maschinen

Das Weichensteller-Problem führt uns deutlich vor Augen, mit welchen Fragestellungen die zukünftige Entwicklung der erklärbaren KI behaftet ist. Fragestellungen, denen auch die Menschen nicht wirklich gewachsen sind.

Dennoch sollte man nicht aus den Augen verlieren, dass der Umgang mit der enormen Datenmenge, die wir bei der Bewältigung von Aufgaben heranziehen können, effizienter wäre, wenn KI nicht nur statistische Operationen (Auffinden und Abgleichen von Daten, wiederholendes Training) sondern auch kreative Funktionen (Assoziationen, Alltagsschließen, Gedankenwandern) ausüben könnte.

Wir greifen auf das obengenannte Beispiel zurück: *Mein Körper wirft einen Schatten auf das Gras.* Ein Mensch wird, ohne zu zögern, die richtige Ursache für das Phänomen nennen können. Warum? Er hat eine lebenslange Erfahrung mit seinem Körper in der Welt und weiß, dass die Sonne als Lichtquelle für seinen Schatten zuständig ist. Er hat beobachtet, dass der Schatten sich bewegt, wenn er sich bewegt, dass der Schatten zu ihm gehört, dass Licht und Schatten miteinander in Verbindung stehen. Der Schatten ist Teil seiner selbst und dessen ist er sich bewusst.

Kann diese Form von Bewusstsein auf KI-Systeme übertragen werden? Als nicht-biologische Geschöpfe verfügen sie zwar nicht über phänomenales Bewusstsein wie Menschen oder andere Lebewesen, dennoch könnte man ihnen einen gewissen Grad an Bewusstheit zubilligen, wenn man sich auf die Perspektive des *Graduellen Panpsychismus* einlässt. Dieser von Patrick Spät eingeführte Begriff geht von einer fundamentalen Verbindung zwischen Geist und Materie aus. Dies bedeutet, dass nicht nur Menschen und Tiere, sondern auch Zellen, Bakterien und sogar Elektronen zumindest rudimentäre mentale

Eigenschaften besitzen. Dabei ist die einfachste rudimentäre Form von Geist die Fähigkeit zur Informationsverarbeitung.

Und genau diese Fähigkeit wird auch von manchen Neurowissenschaftlern als Grundlage einer Definition des Bewusstseins benutzt. Die Information Integration Theory von Tononi[9] z. B. geht von einem beliebigen vernetzten physischen (nicht notwendigerweise biologischen) System aus. Mit Hilfe einer mathematischen Strukturanalyse wird ermittelt, in welchem Maße das System Informationen integrieren kann. Dabei soll identifiziert werden, welche Teile des Systems Informationen in einem räumlich-zeitlichen Rahmen integrieren, um einen kohärenten und einheitlichen Zustand zu erreichen, der nicht weiter auf elementare Bestandteile reduziert werden kann. Dieser Bereich des Systems stellt in dieser Theorie den Sitz der Qualia dar. Die ermittelte Maßzahl bezeichnet auch den Grad des Bewusstseins, über den das System verfügt. Eine weitere Theorie, die Global Workspace Theory von Baars,[10] auch als Baars' Theater bekannt, betont, dass Bewusstsein unabdingbar ist, um große Mengen an Wissen zu beherrschen. Die Theater-Metapher beschreibt dabei eine Bühne mit Scheinwerfer (Aufmerksamkeit), auf der die Akteure darum eifern, in das Licht des Scheinwerfers zu gelangen. Hinter der Bühne, also im Dunkel des Unbewussten, ist eine Menge an Leuten aktiv (Techniker, Autoren, Regie), um das Geschehen zu unterstützen. Im Zuschauerraum befindet sich eine große Anzahl an Menschen, die Wissen, Fertigkeiten und Erfahrungen repräsentieren. Dieses Gesamtsystem ist das Bewusstsein! Zusammen mit den Überlegungen von Tononi wird klar, dass das Phänomen Bewusstsein keine Alles-oder-nichts-Eigenschaft ist, sondern als graduell vorhanden anzusehen ist.

Wir hatten im Abschnitt über Wissensverarbeitung die Probleme beim Umgang mit sehr großen Wissensmengen angesprochen. Nimmt man sich die Fähigkeit des Menschen, die riesige Menge an Wissen, Erfahrungen und Erinnerungen, über die er verfügt und die er (zumeist) auch mühelos abrufen kann, als Vorbild, so kann man durchaus auch KI-Systeme mit Bewusstsein in Zusammenhang bringen. Man versucht Mechanismen, wie sie in der Global Workspace Theory beschrieben sind, einzusetzen, um Wissen zu benutzen und zu verwalten. Das System verfügt damit im oben beschriebenen Sinn über Bewusstsein.

---

9   Tononi, 2004.
10 Baars, 1997.

Singularität oder Partner

Wir haben nun bereits über KI in Zusammenhang mit Lernen, mit Moral und Ethik und mit Bewusstsein gesprochen. Man könnte auf den Gedanken kommen, dass KI immer menschenähnlicher wird und wir als Krone der Schöpfung Konkurrenz bekommen. Müssen wir davor Angst haben? Ist das eine Bedrohung? In der Tat gibt es durchaus ernstzunehmende Forscher, die eine Singularität voraussagen. Damit wird ein Wendepunkt bezeichnet, an dem das Zusammenspiel von Menschen und künstlicher Intelligenz so fortgeschritten ist, dass sich eine Superintelligenz heranbildet, die sich selbst weiterentwickelt und von uns Menschen nicht mehr kontrolliert werden kann. Ein prominenter Vertreter dieser These ist Ray Kurzweil. In seinem Bestseller[11] analysiert der renommierte Informatiker, Erfinder und Unternehmer die Entwicklung der KI-Forschung und er prognostiziert, dass es bis zum Jahr 2029 möglich sein wird, das gesamte menschliche Gehirn in einem digitalen Computer zu emulieren. Solche Systeme könnten sodann analysiert und so weiterentwickelt werden, dass sie sich bis zum Jahr 2045 radikal selbst modifiziert und weiterentwickelt haben, sodass die Singularität stattfinden kann. Diese Superintelligenz kann sich dann von unserem Planeten ausgehend verbreiten, bis sie das gesamte Universum einnimmt. Das klingt nach moderner Science-Fiction, hat aber durchaus Wurzeln in der Philosophie und sogar in der Theologie. Gerade der Aspekt, dass die Menschheit mit dem Universum eins wird, erinnert in verblüffender Weise an die Lehren von Pierre Teilhard de Chardin. Dieser Jesuit, Theologe und Naturwissenschaftler hatte schon am Anfang des 20. Jahrhunderts über die Weiterentwicklung des Menschen geschrieben. Seine Schriften wurden vom Vatikan abgelehnt, und erst nach seinem Tod im Jahre 1955 wurden sie veröffentlicht und erfuhren starke Beachtung. In seinem zentralen Buch „Der Mensch im Kosmos"[12] beschreibt de Chardin, dass die Menschheit und das Universum sich weiterentwickeln und auf einen Endpunkt, den „Punkt Omega", zubewegen, an dem Mensch, Universum und Gott eins werden. Diese Sichtweise wird auch von zeitgenössischen Kosmologen aufgegriffen und nun sogar von manchen KI-Forschern.

Nach unserer Einschätzung sieht die Mehrzahl der KI-Forscher das Ziel ihrer Disziplin unter dem Schlagwort *KI für den Menschen*. KI-Techniken und KI-Methoden werden entwickelt, um den Menschen zu unterstützen, um mit Menschen zu kooperieren. Und in der Tat können wir solches täglich beobachten,

---

11 Kurzweil, 2010.
12 Teilhard de Chardin, 2005.

z. B. wenn wir die Übersetzungsfunktion unseres Smartphones benutzen, mit Siri oder Alexa kommunizieren oder wenn das Fahrassistenz-System unseres Autos aktiv ist. Dabei sollte aber durchaus klar sein, dass die Verbreitung von KI-Systemen auch die Arbeitswelt verändert und dabei auch Tätigkeiten, die bislang Menschen vorbehalten waren, von KI-Systemen übernommen werden. Hier ist es sinnvoll, einen breiten interdisziplinären und gesellschaftlichen Diskurs um die Gestaltung der Arbeitswelt anzustoßen und diesen auch kontinuierlich weiterzuführen, um auf neue Entwicklungen reagieren zu können.

Verzerrungen

Die jüngsten Erfolge der KI beruhen zumeist auf maschinellen Lernverfahren mithilfe von künstlichen neuronalen Netzen. Wir haben diskutiert, dass zum Trainieren dieser Verfahren sehr viele Daten notwendig sind. Hier hat die technologische Entwicklung sehr stark mitgeholfen, da in den vergangenen Jahren immer mehr Daten öffentlich verfügbar wurden und somit auch für das Trainieren der KI-Systeme zur Verfügung stehen. Es ist ein Leichtes, Bilder, Videos oder auch Texte mit wenigen Mausklicks von verschiedensten Quellen im Internet herunterzuladen, um damit KI-Systeme zu trainieren. Dabei muss uns allerdings klar sein, dass nur das gelernt wird, was in den Daten enthalten ist. Wenn zum Beispiel Videos verwendet werden, in denen Gewalttätigkeit öfter mit Schwarzen als mit Weißen in Verbindung gebracht wird, wird das KI-System diese Verzerrung (engl. bias) eben auch lernen und dann im Einsatz entsprechend verzerrte Ergebnisse liefern. In Dhamala et. al.[13] wird dieses Problem anhand texterzeugender Systeme untersucht. GPT-3 ist ein Beispiel für solch einen Textgenerator, der mit sehr vielen Texten trainiert wurde und dann ein beliebiges Stück Text weiterschreiben kann, so dass nicht oder nur sehr schwer zu erkennen ist, dass es kein Mensch ist, der ihn verfasst hat.[14] Wenn nun die Texte, mit denen GPT-3 trainiert wurden, bestimmte gesellschaftliche Vorurteile ausdrücken, wie z. B. gegenüber dem Islam oder gegenüber Frauen, werden diese sich dann auch in den erzeugten Texten wiederfinden. Das System übernimmt also Ungerechtigkeiten, die es in der Welt bereits gibt. Die Forschungsfrage, die in Dhamala et. al.[15] untersucht wird, ist nun, solche Verzerrungen durch bestimmte Testdaten zu entdecken. Dann kann auch versucht werden, solchen Ungerechtigkeiten entgegenzuwirken.

---

13 Dhamala et al., 2021.
14 Brown et al., 28.05.2020; Wikipedia, 29.03.2021.
15 Dhamala et al., 2021.

Militärische Anwendungen

Die Idee, KI auch in Waffensystemen einzusetzen, ist naheliegend und mag auch manchem wünschenswert erscheinen. So könnte man als Argument anführen, dass Menschenleben verschont würden, wenn man Roboter anstatt menschlicher Kombattanten auf das Gefechtsfeld schickt. Andererseits kann man aber beobachten, dass die Bereitschaft, sich auf bewaffnete Konflikte einzulassen, sehr viel höher ist, wenn Menschen nicht unmittelbar an den Kampfhandlungen beteiligt sind. So nimmt man zum Beispiel die große Anzahl an Menschen, die in verschiedensten Teilen der Welt durch Drohneneinsätze getötet oder verletzt werden, stillschweigend hin, während die Resonanz möglicherweise anders ausfiele, wenn bemannte Kampfflugzeuge eingesetzt würden. Diese Drohneneinsätze gegen Personen, die sich in Staaten aufhalten, in denen der Einsatz von Streitkräften nicht möglich ist, werden auch als *gezielte Tötungen* bezeichnet und verstoßen klar gegen Völkerrecht. Diese Problematik wird in verschiedenen Kontexten diskutiert; so hat sich z. B. auch der Deutsche Bundestag mehrfach mit der Problematik der gezielten Tötungen beschäftigt, insbesondere im Zusammenhang mit der Tatsache, dass die US Air Base in Ramstein mit Hilfe einer Satellitenstation für die US-Drohnenkriegführung unverzichtbar ist.

Viele KI-Wissenschaftler und Organisationen haben sich mittlerweile einer internationalen Initiative angeschlossen, die sich gegen den Einsatz von tödlichen autonomen Waffen einsetzt.[16] Eine weitere Initiative engagiert sich dafür, die Gefahr eines „Krieges aus Versehen" ernst zu nehmen und Entwicklungen, die dazu führen können, zu verhindern.[17] Insbesondere KI-basierte Entscheidungssysteme sind nur schwer von Menschen zu kontrollieren und auf Grund sehr geringer Reaktionszeiten auch nur schwer zu korrigieren.

Das Problem ist dabei auch, dass mitunter nicht leicht zu erkennen ist, inwieweit KI-Techniken in Waffensystemen zur Anwendung kommen und inwieweit sie sich noch von Menschen kontrollieren lassen. So hat z. B. die US Luftwaffe 2020 erstmals ein KI-System als Co-Piloten in einem U-2 Aufklärungsflugzeug eingesetzt. Während des Fluges steuerte der KI-Algorithmus Sensoren und taktische Navigationssysteme des Jets. Wie genau die Aufgabenteilung zwischen KI und Mensch aussieht, ist unklar.

---

16 https://autonomousweapons.org
17 https://atomkrieg-aus-versehen.de

Schlussbemerkungen

Wir haben versucht, die grundlegenden Techniken für maschinelles Lernen und Wissensverarbeitung aufzuzeigen. Wir haben dabei auch einige Fragen bezüglich der Ethik und des Bewusstseins von KI-Systemen angesprochen und anschließend einige problematische Aspekte des Einsatzes von KI-Systemen diskutiert. Die interessierte Leserin findet sehr viel Ausführlicheres darüber in Barthelmeß und Furbach.[18] In diesem Beitrag sollte klar geworden sein, dass KI nicht per se gut oder schlecht ist, es kommt darauf an, wie wir sie nutzen. Wir sollten uns der Grenzen und Gefahren bewusst sein und diese auch in einem ständigen gesellschaftlichen Diskurs ausloten. Ein schönes Beispiel dafür ist die Studie der *Agentur für Grundrechte der Europäischen Union*,[19] welche genau dies anstrebt und insbesondere auf europäischer Ebene einfordert.

Literaturverzeichnis

Baars, Bernard J.: In the Theatre of Consciousness. Global Workspace Theory, A Rigorous Scientific Theory of Consciousness. Journal of Consciousness Studies 4 (1997), 292–309.

Barthelmeß, Ulrike; Furbach, Ulrich: Künstliche Intelligenz aus ungewohnten Perspektiven. Ein Rundgang mit Bergson, Proust und Nabokov. (Die blaue Stunde der Informatik) Wiesbaden, Germany 2019.

BMVI (Hrsg.): Ethik-Kommission. Automatisiertes und Vernetztes Fahren. Bericht des Bundesministeriums für Verkehr und digitale Infrastruktur 2017.

Brown, Tom B.; Mann, Benjamin; Ryder, Nick; Subbiah, Melanie; Kaplan, Jared; Dhariwal, Prafulla; Neelakantan, Arvind; Shyam, Pranav; Sastry, Girish; Askell, Amanda; Agarwal, Sandhini; Herbert-Voss, Ariel; Krueger, Gretchen; Henighan, Tom; Child, Rewon; Ramesh, Aditya; Ziegler, Daniel M.; Wu, Jeffrey; Winter, Clemens; Hesse, Christopher; Chen, Mark; Sigler, Eric; Litwin, Mateusz; Gray, Scott; Chess, Benjamin; Clark, Jack; Berner, Christopher; McCandlish, Sam; Radford, Alec; Sutskever, Ilya; Amodei, Dario: Language Models are Few-Shot Learners 28.05.2020.

Dhamala, Jwala; Sun, Tony; Kumar, Varun; Krishna, Satyapriya; Pruksachatkun, Yada; Chang, Kai-Wei; Gupta, Rahul: BOLD. In: Proceedings of the 2021 ACM Conference on Fairness, Accountability, and Transparency. (ACM Digital Library) New York,NY,United States 2021, 862–872.

---

18 Barthelmeß/Furbach, 2019.
19 Getting the future right, 2020.

Getting the future right. Artificial intelligence and fundamental rights; report. Luxembourg 2020.

Kocijan, Vid; Lukasiewicz, Thomas; Davis, Ernest; Marcus, Gary; Morgenstern, Leora: A Review of Winograd Schema Challenge Datasets and Approaches 23.04.2020.

Kurzweil, Ray: The singularity is near. When humans transcend biology. London 2010.

Lee, Kai-Fu: AI superpowers. China, Silicon Valley and the new world order. Boston MA, New York NY 2018.

Teilhard de Chardin, Pierre: Der Mensch im Kosmos. (Beck'sche Reihe, Bd. 1055) München 2005.

Tononi, Giulio: An information integration theory of consciousness. BMC neuroscience 5 (2004), 42.

Wikipedia: Gpt-3. https://de.wikipedia.org/wiki/OpenAI#GPT-3, 18.04.2021.

Wikipedia: Algorithmus. https://de.wikipedia.org/wiki/Algorithmus, 31.03.2021.

Wikipedia: Industrie 4.0. https://de.wikipedia.org/wiki/Industrie_4.0, 11.04.2021.

Wolfgang Mack

Natürliche Intelligenz. Aspekte der psychometrischen Intelligenzkonzeption

Abstract: Anticipatory behavior control is the basic framework of intelligent behavior. Natural intelligence is the general ability to solve a wide variety of problems. Comparable to the intelligence organs (ex.: senses), natural intelligence has developed in the course of evolution. The question of a not anthropocentric and biocentric limited concept of intelligence must start at the purpose of intelligence. However, it requires a general theory of intelligence in which the ability to separate regularity from chance is integrated. Against this background the hypothesis of a superintelligence far beyond human intelligence is very questionable, because the assumption of superintelligence presupposes a universal psychometry, but also a theory of order, of regularities.

Intelligenz als Fähigkeit

Intelligenz ist ein wissenschaftlicher Begriff, der im Zuge der psychologischen empirischen Erforschung und der psychometrischen Messung von primär menschlichen Fähigkeiten und Leistungen gebildet wurde. Eine Fähigkeit ist allgemein die Möglichkeit, die Disposition, zu bestimmten Tätigkeiten, Aktivitäten, die sich als Verhalten beobachten lassen. Verhalten umfasst körperliche Regungen, z. B. die Bewegung des Zeigefingers beim Drücken einer Taste oder eine Ausdrucksregung wie das lautliche Äußern eines Wortes, aber auch die körperlichen Regungen, die mit dem Bedienen eines Instruments, generell mit allen Arten von Positionierungen des lebendigen Körpers in Raum und Zeit verbunden sind. Der Begriff Bewegung sollte dabei auf die Bewegung nichtlebendiger Körper und Regung auf die Bewegungen von Lebewesen beschränkt werden. Lebewesen sind gewissermaßen die Quelle ihrer Regung, was das Wort E-motion ursprünglich bezeichnet, sie können sich aber auch bewegen, wenn der Anstoß zur Bewegung von außen kommt, z.B. wenn jemand vom Sprungbrett gestoßen wird.

Die Fähigkeiten zu diesem Verhalten, verstanden als körperliche Regungen, lassen sich nicht beobachten, es handelt sich um erschlossene und erschließbare Entitäten, um Inferablen, gelegentlich spricht man auch von latenten Variablen, da Fähigkeiten nach mehr oder weniger variieren können. Man geht aufgrund neurowissenschaftlicher Erkenntnisse davon aus, dass alle Fähigkeiten von

Lebewesen ihre biotischen Korrelate in der inneren dynamischen Funktions-
organisation derselben haben, bei Lebewesen mit einem zentralen Nervensys-
tem sind die neuronalen Fähigkeitskorrelate dominant. Neuronale Strukturen
und Prozesse sind aber nicht identisch mit Fähigkeiten. Die erschließende
Zuschreibung von Fähigkeiten erfolgt mittels beobachtbarer Verhaltensweisen
und Verhaltensprodukten, den Observablen, z. B. der Geschwindigkeit, mit
der eine Reaktion wie eine Antwort auf eine Frage gegeben wird. Man kann
dann Leistungsmaße wie Reaktionszeit und Reaktionsqualität, bewertet nach
richtig und falsch, bilden. Die Observablen bestehen darin, dass ein Lebewesen
sich beobachtbar mit seiner Umgebung auseinandersetzt, also mit Hilfe von
Wirkeinrichtungen (Effektoren) wie die Hände Gegenstände seiner Umgebung
manipuliert, aber auch das Annähern an und das Entfernen von bestimmten
Orten, Positionsveränderungen, Einwirkungen auf andere mittels Lautgebung
und anderen signalvermittelnden Artikulatoren wie Kopfschütteln, Winken,
mit dem Zeigefinger zeigen, sind aktive Ein- und Zugriffe des Lebewesens in
seine Umgebung, Observablen, die die aktive Auseinandersetzung eines Lebewesens in und mit seiner Umgebung anzeigen. Intelligenz lässt sich als Fähigkeit, als latente Variable, ebenfalls nur über solche Observablen erschließen.

Intelligenz als Fähigkeit zum Problemlösen

Im Falle des Menschen schreibt man ihm mehr oder weniger Intelligenz als
Fähigkeit zu anhand der Art und Weise, wie er die Anforderungen und Aufgaben einer großen Bandbreite von Umgebungen und Situationen bewältigt und
löst. Generell kann man statt von Aufgaben auch von Problemen sprechen, die
zu bewältigen und zu lösen sind. Probleme bestehen aus drei Komponenten,
erstens dem Ausgangszustand, das, was gegeben ist, zweitens dem Zielzustand,
was nicht gegeben ist, und drittens aus den Operatoren, „Spielzügen", wenn
man an Schach denkt, die den Ausgangszustand Zug um Zug in den Zielzustand transformieren. Diese drei Strukturmerkmale eines Problems spannen
den Problemraum auf, der aus der Menge aller möglichen Zustände aus Start,
Züge und Ziel besteht. Ein Problem wie Schach ist ein strukturell geschlossener
Problemraum und damit strukturell einfach, weil alle drei Komponenten gegeben sind, aber operativ durchaus komplex, weil es praktisch unendlich viele
erlaubte Züge zum Ziel gibt. Es gibt aber strukturell komplexe Probleme, da
einzelne Komponenten nicht definiert, unklar sein können, z. B. welche Operatoren und Operationen zum Ziel führen, der Erfolg von Operationen nur eine
bestimmte Wahrscheinlichkeit hat, Zufallseinflüsse den Problemraum perma-
nent ändern. Probleme sind oft Optimierungsprobleme, da mehrere Ziele (sog.

Polytelie) erreicht werden müssen, es kann Unklarheit über die Ziele herrschen, über die Ausgangslage oder alle Problemkomponenten. Typischerweise ist das bei politischen und wirtschaftlichen Problemen der Fall. Die Anforderung an die Intelligenz eines Problemlösenden besteht darin, die Problemstellung zu diagnostizieren, was ist gegeben, was ist das Ziel, was sind mögliche zielführenden Züge und die Komplexität des Problemraumes so zu reduzieren, dass ein zielführender Pfad zum Ziel gefunden wird und angesichts knapper Ressourcen an Zeit und Raum möglichst den Pfad, der die wenigsten Schritte erfordert, am kürzesten ist.

„Bewältigen" und „Lösen" von Problemen ist mit Interaktionen verbunden, mit Einwirkungen auf die Umgebung, mit Aktionen. Aktionen müssen generiert werden und das Generieren muss sich nach den Gegebenheiten der Umgebung richten. „Sich richten" bedeutet zweierlei: Erstens muss es die Fähigkeit geben, festzustellen, was in der Umgebung der Fall ist, was ist wo, wann ist was wo, wo bin ich, was war vorher, was wird sich ändern. Dazu braucht das Lebewesen Diagnoseeinrichtungen, abstrakt sind das Sensoren, die konkret zu Sinnessystemen wie Sehsinn, Hörsinn, Geruchs- und Geschmackssinn, Tastsinn, Schmerzsinn organisiert sind. Zur Diagnose, zum Erkennen reicht das Registrieren der Sensoren aber nicht aus. Vielmehr müssen die Resultate des sensorischen Registrierens, die Perzepte, mit Gedächtniseinträgen, Gelerntem so verbunden werden, dass sie einer Klasse zugeordnet, einem Begriff untergeordnet werden können. Erst so können Unterscheidungen getroffen werden, z. B. ob das Perzept etwas Ungefährliches oder Gefährliches anzeigt, ob die Umgebung günstig oder ungünstig ist. Dieses – assoziative – Lernen wird durch schnelle emotionale Bewertungen gestartet wie „fühlt sich gut an", „stillt Hunger" oder „tut weh", „riecht ekelhaft" und es werden schnell emotionale Assoziationen mit Perzepten von Objekten, Ereignissen und Erlebnissen gebildet, die zur Bildung einer Gruppe von lebenswichtigen Gedächtnisklassen führen, in die weitere Perzepte einsortiert und so Begriffe gebildet werden können. Auf der Basis solcher Gedächtnisklassen kann ein Umgebungsbild, ein mentales Modell aufgebaut werden, die Gedächtniseinträge werden im Jargon der Kognitionswissenschaft als „Repräsentationen" bezeichnet. Zweitens reicht Unterscheidenkönnen nicht aus, da aus dem Reizangebot der Umgebung ausgewählt werden kann und muss nach bestimmten Kriterien, das, was auffällig ist, das, was bekannt und unbekannt, wichtig und unwichtig, relevant und irrelevant ist, das, dem man sich nähern kann und sollte, das, von dem man sich entfernen sollte. Zwar drängt sich manches von selbst auf, weil es sehr auffällig das Interesse auf sich zieht, beispielsweise durch abrupte Farb- oder Geräuschänderungen. Dieses Selektionsproblem lässt sich aber nur über Präferenzen lösen, es ist eben nicht alles gleich wichtig in der Umgebung. Ohne Präferenzen können keine Entscheidungen getroffen werden, wobei die Präferenzen sich aus dem biologisch vorgegebenen Interesse an der Existenzsicherung orientieren, positive Emotionen (Lust) eine Hin-und-Bleib-Präferenz und negative Emotionen (Unlust, Schmerz) eine Weg-und-Vermeide-Präferenz initiieren. Die Unterscheidungsfähigkeit steht also im Dienst der Entscheidungen für Aktionen. Entsprechend reichen Diagnoseeinrichtungen nicht aus, es sind auch Aktionseinrichtungen nötig. Neben dem Selektionsproblem für Diagnosen: Worauf soll ich wie lange achten, gibt es noch das Selektionsproblem für Aktionen: Was soll ich unter welchen Bedingungen wie ausdauernd tun? Beide Selektionsprobleme sind gekoppelt, aber am Ende muss eine Entscheidung für eine Aktion getroffen werden, das betrifft vor allem Lebewesen, die – wie Menschen – sich von Ort zu Ort selbstinitiiert fortbewegen können. Entscheidungen für Aktionen werden vor allem dann wichtig, wenn die aktuelle Situation nicht mehr ausreichend vorteilhaft genutzt werden kann, z. B. aufgrund von Nahrungsmangel, wenn also Exploration, das Verlassen der Situation, nötig wird, um günstige, vorteilhaftere Situationen aufzusuchen. Soll man bleiben oder gehen, alles so lassen oder etwas ändern? ist eine Frage, die sich immer stellt. Eine Aktion muss generiert werden und eine Aktion erzielt in der Regel einen diagnostizierbaren Effekt in der Umgebung, an einem Objekt oder mit einem Objekt (als Werkzeug). Der Aktionseffekt muss genauso bewertet werden wie die Perzepte, also war der Effekt günstig für den Agenten oder nicht, war der Effekt erfolgreich oder nicht? Das Motorsystem ist also auf das Sensorsystem angewiesen, aber das Sensorsystem auch auf das Motorsystem, denn woher weiß das Lebewesen, dass der Aktionseffekt günstig war? Letztlich aufgrund der Antizipationen eines Effektes und damit der Antizipation eines bestimmten Perzeptes verbunden mit einer Emotion. Das Ziel von Aktionen muss anhand eines Effekts als „Ziel erreicht", „Absicht verwirklicht" erkannt werden, um dann die Aktion beenden zu können, da eine Endlosschleife für das Lebewesen ungünstig wäre. Wird diagnostiziert: „Ziel nicht erreicht, Effektwahrnehmung passt nicht zum Ziel", müssen weitere Aktionen gestartet und diese eventuell modifiziert werden, z. B. nach dem Versuch-und-Irrtum-Prinzip. Die Diagnose „Ziel erreicht" basiert auch wesentlich auf der emotionalen Bewertung anhand des Kriteriums der Existenzsicherung heraus. Günstige Aktionseffekte, die Lust erzeugen, ein biogenes Bedürfnis wie Hunger befriedigen, werden wiederholt und es wird assoziativ, instrumentell, durch „Belohnung" gelernt, wie sich die Effekte herstellen lassen. Das wird wiederholt und damit wird ein Ziel gemerkt verbunden mit Antizipationen des Erfolgs. Ist der Effekt ungünstig, geht der Effekt nicht mit Belohnung einher, wird die Aktion aus dem Aktionsgedächtnis gelöscht oder verändert. Diese antizipative Verhaltenssteuerung ist das Grundgerüst intelligenten Verhaltens. Die Kriterien des Erfolges liefern zunächst die biogenen Bedürfnisse nach Nahrung, Sicherheit und Schutz, die bei vielen Lebewesen über die Eltern befriedigt werden, verbunden mit der Ermöglichung von Lernprozessen, die Bedürfnisse selbständig befriedigen zu können. Die Ziele, zunächst vermittelt über die biogenen Bedürfnisse, die als Trieb, als Drang, das Ziel emotional vorgeben, werden über das erfolgreiche Lernen aus der Koordination von Diagnose- und Wirkeinrichtungen gebildet, die minimale Kognition besteht also in der Koordination der Sensomotorik.[1] Der Erfolg einer Aktion wird aus dem Vergleich von Antizipation des Erfolges mit dem tatsächlich erzielten Erfolg bewertet. Das entsprechende Aktionsprogramm wird in das Umgebungsbild, das Weltmodell eingegliedert und kann als Gedächtnisroutine, als Fertigkeit bei Gegebensein der zum Modell passenden Situationen wieder abgerufen werden. Solche Routinen für wiederkehrende Standardsituationen bilden den Grundstock des Verhaltens und sind evolutionär stabilisiert worden. Die Natürliche Intelligenz ist die Intelligenz, die im Laufe der Evolution entsprechend den Mechanismen Mutation und Selektion entstanden ist, ganz vergleichbar zu den Intelligenzorganen Sinne, Motorsystem, neurohumorales Kontrollsystem.

Kognition besteht in der Ausbildung und Nutzung eines solchen Weltmodelles, um Ziele in verschiedenen Umgebungen, repräsentiert über Situationsmodelle als Teil des Weltmodelles, zu erreichen.[2] Das Generieren von Aktionen und das Testen der Aktionen am Erfolg ist ein mächtiger Lernmechanismus, der sehr adaptiv ist. Auch das Lernen nach Versuch und Irrtum ist dabei wichtig, da es vor allem für den Start des Aufbaus von Erfahrungen wichtig ist. Dieses Generieren-und-Testen beim biotischen Individuum, das Lernen am Erfolg, ist analog zu den evolutionären Mechanismen der Mutation (Generieren) und Selektion (Testen) auf Populationsebene zu verstehen. Die erfolgreichen Aktionen werden selegiert, die nicht erfolgreichen verschwinden. Auf Populationsebene ist die Weitergabe der Gene der Erfolg, wenn das misslingt, stirbt die Art aus. Dennett schlug basierend auf dem Lernen am Effekterfolg eine grobe evolutionäre Hierarchie von Lebewesen vor, die auf immer intelligentere Weise den Generieren-und-Testen-Algorithmus verwirklichen, Dennett spricht vom Turm des Generierens und Testens, wobei Darwin-Wesen im Erdgeschoss und Gregory Wesen (Menschen) im obersten Stockwerk sind (s.

---

1   Duijn et al., 2006.
2   Albus, 1991.

Box 1). Generieren-und-Testen ist ein Bestandteil jeglicher Art intelligenter Aktivität.

Abschließend kann man also sagen, dass Intelligenz die allgemeine Fähigkeit ist, unterschiedlichste Probleme lösen zu können. Das Lösenkönnen setzt dabei voraus, dass die Ausgangslage und die Ziellage des Problems diagnostiziert werden kann, dass Wissen und Fertigkeiten gelernt wurden, um Operatoren und Operationen auszuwählen, die die Ausgangslage in die Ziellage überführen. Ganz am Anfang muss überhaupt das Ziel gebildet werden, das Problem lösen zu wollen. Aber wer sich ein Ziel setzt, hat damit auch stets das Problem, feststellen zu müssen, welche Diskrepanz zwischen der Ausgangslage und der Ziellage besteht und dann zu entscheiden, wie die Diskrepanz minimiert werden kann.

Box 1. Dennetts Turm des Generierens-und-Testens

Wie kommt es in der Naturgeschichte zu Entitäten – vom Typ Lebewesen, Organismus, Mensch – deren Aktivitäten wir am besten dadurch erklären können, dass wir ihnen zuschreiben, ein Eigeninteresse an sich selbst zu haben, an ihrer Existenzsicherung, um zu überleben, die Kenntnisse erwerben können und sogar rational sind, wir ihnen Intelligenz zuschreiben können? Behavioristen würden fragen, wie es zu verstehen ist, dass Verhalten allgemein adaptiv ist, also erfolgreich ist in dem Sinne, dass die Lebewesen ihre Existenz sichern, eine Art überleben kann, weil die Lebewesen ihre Gene weitergeben können? Eine allgemeine Verhaltenserklärung stammt aus der behavioristischen Lerntheorie und wurde als Effektgesetzt (law of effect) bekannt. Es besagt, dass Verhaltensvorkommnisse wiederholt werden, wenn sie belohnt werden, wenn sie nicht belohnt werden, verschwinden sie. Das Effektgesetzt ist in enger Analogie zum Prinzip der natürlichen Selektion von Organismen zu sehen. Selegiert werden aber nicht Organismen, sondern Klassen von Reiz-Reaktions-Paaren. Als Selektor wirkt der belohnende Effekt einer Re-Aktion, womit die Wahrscheinlichkeit erhöht wird, dass diese Aktion wiederholt generiert wird, wenn die entsprechenden Reizumstände, die entsprechende Situation wieder vorliegt. Maladaptive, wirkungslose Aktionen werden „gelöscht", verschwinden. Für den Lernpsychologen Skinner ist das Effektgesetz zentral für seine Theorie des operanten Konditionierens, auch reinforcement learning genannt, das in der KI als „deep learning" wieder auftaucht („deep" bezieht sich darauf, dass viele Schichten künstlicher Neuronen „lernen" sollen).

Dennett betont, dass natürliche Selektion und Effektgesetz eng zusammenwirken, um Lebewesen verschiedenen Strukturtyps (design) hervorzubringen. Die natürliche Selektion ist selbst eine Art intelligenter Selektion, die zunächst bei tropistischem, instinktivem Verhalten ansetzt. Das Bauen von Netzen durch Spinnen gehört dazu, aber auch die Struktur der Flügel von Vögeln. Der Erfolg dieser Verhaltensweisen und Organismenstrukturen basiert auf natürlicher Selektion, generierte Strukturänderungen werden beibehalten, wenn sie die Weitergabe von Genen begünstigen. Wichtig ist, dass die Existenzsicherung solcher *Darwin-Wesen*, wie Dennett sie nennt, aufgrund des starren, instinktiven Verhaltens nicht auf der Ebene der Individuen, sondern auf der Ebene der Population erfolgt. Aufgrund von Mutationen wurden bestimmte Organismen verhaltensplastischer mit der Fähigkeit, die Wahrscheinlichkeit von Umgebungsereignissen durch Verhalten zu erhöhen, die günstige, belohnende Effektereignisse für sie sind, so genannte Verstärker (reinforcer).

Genetisch ist damit die Grundlage für die Fähigkeit zu lernen gelegt worden, weil die Verstärker die mit ihnen häufig gekoppelten Aktionen selegieren und diese Selektion dann zu Fortpflanzungsvorteilen führten. Lernen bedeutet hier einfach die Veränderung der Wahrscheinlichkeit selektiver Reiz-Reaktions-Effekt-Kopplungen. Da Darwin-Wesen eine geringe phänotypische Plastizität haben, die Reiz-Reaktions-Kopplungen starr verbunden sind, können sie auch nicht durch Versuch und Irrtum lernen. Die *Skinner-Wesen*, so Dennett, haben eine größere phänotypische Plastizität, sie können mehr Effekte generieren (im Sinne von ausprobieren und die Reiz-Reaktions-Kopplungen assoziieren, die erfolgreich sind.) Die Erfolgsrückmeldung besteht dabei primär in der Befriedigung biogener Motive (vulgo Triebe) wie Hunger, Durst, Sex, Schutz und Sicherheit vor ungünstigen Einwirkungen. Aufgrund von angeborener größerer Plastizität, primär neurophysiologischer Art, können auf Individuumsebene situationsabhängig mehr adaptive Reiz-Reaktionskopplungen erworben werden. Die Bandbreite der möglichen Situationen, mit denen interagiert werden kann, nimmt zu. Das erhöht den Selektionsdruck, die Verhaltensplastizität zu erhöhen. Die Skinner-Wesen haben den Nachteil, dass die Erweiterung ihres Verhaltensrepertoires über Versuch und Irrtum, Generieren einer Aktion und Testen ihres Effektes, über das physische Einwirken auf die Umgebung realisiert werden muss. Nur möglicherweise erfolgreiche Reiz-Reaktions-Effekt Koppelungen können nicht abgetrennt von der Umgebung getestet werden und brauchen für ihre Selektion erst eine Rückmeldung und Verstärkung aus der Umgebung. Die Verhaltensselektion ist also nicht unabhängig von bestimmten Umgebungen möglich, was beim Menschen möglich ist, der sich Aktionen und deren mögliche Effekte im „Inneren", im mentalen Modell, ausdenken, aber auch auswählen kann, obwohl es zunächst kein externes Feedback gibt.

Nach Dennett ist das Effektgesetz aber nicht beschränkt auf Generieren und Testen offenen Verhaltens in der äußeren Umgebung. Man muss nur postulieren, dass Lebewesen auch eine innere Umgebung haben. Diese kann man nach dem Computermodell als eine Input-Throughput-Output Box modellieren, so dass das Generieren (Input) und Testen (Output) in die Box, das Gehirn natürlich, verlegt werden kann. Die natürliche Selektion setzt nun am Ausbau der inneren Umgebung an, was dadurch vorangetrieben wird, dass mögliche Verhaltenseffekte antizipiert werden können, im Inneren Versuch und Irrtum stattfinden kann, wenn es sich als adaptiv erweist. Die Adaptivität der Simulation von Versuch und Irrtum, Generieren und Testen an simulierten möglichen Effekten, besteht darin, dass schneller gelernt werden kann und dass einige, u.U. schwerwiegende Fehler vermieden werden können. Dennett nennt solche Wesen *Popper-Wesen*, da Popper sinngemäß äußerte, dass es besser sei, wenn Hypothesen stürben anstelle von Menschen. Natürlich reicht die Simulation von Reiz-Aktion-Effektabläufen nicht aus, um zu überleben, der entscheidende Test und der entscheidende Erfolg ermöglicht die äußere Umgebung über ihre Rückmeldung. Aber

durch die Erhöhung der Bandbreite des Verhaltens und damit der Anzahl möglicher
adaptiver Situationen delegiert die Umgebung einen Teil der natürlichen Selekti-
onsfunktion in die innere Umgebung des Organismus. Dieser wird durch die Präselektion von Aktionen über inneres Testen („Probehandeln als Denken") flexibler,
intelligenter, kann sein Verhaltensrepertoire und seinen Aktionsraum erweitern. Das
Simulieren auf der Basis von Generieren und Testen trägt zum Lernen des Lernens bei.
Ziel ist das Lernen von adaptiven Merkmalen möglicher Verhaltenskontrollsysteme,
z. B. beim Herstellen und beim Umgang mit Werkzeugen. Das Medium der inneren
Umgebung ist das, was man als mentales Weltmodell bezeichnen kann, das aus mentaler Repräsentation, aus informationstragenden Zeichen besteht, die über die äußere
Umgebung informieren und eine Art Welt- und Umgebungsbild ermöglichen. Solche
mentalen Modelle erlauben die Abkopplung der inneren Umgebung von der äußeren,
es können Umgebungen simuliert werden, die aktuell nicht im Hier und Jetzt gegeben
sind, es sind Kognitionen möglich, die über das Hier und Jetzt hinaus gehen.

Die Effektivität des Aufbaus und der Nutzung von mentalen Modellen, Weltmo-
dellen, wird letztlich durch die Sprache erst enorm leistungsfähig, auf deren Werk-
zeugfunktion Karl Bühler hinwies. Die Sprache selbst ist eine Art Programm, das
nach syntaktischen und semantischen Regeln, aber auch pragmatischen, aufgebaut ist
und funktionale Rollen wie z. B. Instruktionen zu realisieren erlaubt. Damit wird ein
systematischeres Wählen (Präselektion) und eine systematischere Ordnung von Präferenzen (Wünschen) möglich. Mit dem kognitiven Werkzeug Sprache lässt sich mit
Hilfe der Speicherung artifizieller Zeichen die Gedächtnisleistung drastisch erhöhen,
vor allem über das externe Gedächtnissystem Schrift und andere symbolische Geistes-
techniken wie Ziffern, Münzen, Marken aller Art. Die Sprachzeichen können selbst
zum Gegenstand von Sprache werden und erlauben damit rekursives Denken. Pho-
netische Artikulationen werden zum Träger von Bedeutungen und Symbolen, über
deren Darstellungsfunktion man sich redend auf Abwesendes beziehen kann. Die
Möglichkeiten der Weltmodellierung nehmen so erheblich zu, praktisch infinit, denn
nach Wilhelm v. Humboldt macht man nun mit endlichen Mitteln, unseren Sprachzeichen, unendlichen Gebrauch. Der Mensch ist daher zu Recht nach Ernst Cassirer
als animal symbolicum zu verstehen.[3] Programme und Algorithmen sind Anwendungen und Interpretationen des menschlichen intelligenten Symbolgebrauches und weiterer Geistestechnologien wie Rechnen, Kalkülisieren, programmartiges Instruieren.[4]

Nach Dennett sind sprachbegabte Wesen, von denen wir nur den Menschen kennen, auch wenn alle Lebewesen Signale, Zeichen mehr oder weniger effektiv nutzen
können, *Gregory Wesen*. Der Psychologe Gregory unterschied kinetische und poten-
tielle Intelligenz[5], erstere ist Intelligenz in Aktion, letztere ist gewissermaßen der
Werkzeugkasten, die Artefakte der Intelligenz, zu denen auch die Sprache gehört.
Ein Artefakt wie die Schere steigert die kinetische Intelligenz der Benutzenden, das
Gleiche gilt für die Sprache. Die Sprache dient der Kommunikation und Kooperation

3   Mack, 2013.
4   Krämer, 1989.
5   Gregory, 1994.

und erlaubt damit die Kopplung individueller Intelligenz an andere individuelle Intelligenz zu sozialer Intelligenz, deren wichtigster Aspekt im sprachlich vermittelten Unterricht, in der Weitergabe von Wissen besteht. Eine Folge dieser sprachlichen Interaktion intelligenter, lernfähiger Wesen ist die Erzeugung von potentieller soziale Intelligenz, die über Individuen hinausgeht wie z. B. das Sprachsystem, soziale Regeln wie der Handel, symbolische Institutionen wie das Geld, aber über die Symbolkommunikation rückwirkend individuelle Intelligenzen verändert. Nach der Hypothese der sozialen Intelligenz wird der Aufbau der Intelligenz menschlicher Individuen primär sozial vermittelt, durch soziale, erzieherische Instruktion.[6] Die Erfindung von Geistestechnologien wie Schrift, Zeichnungen, Bilder, Diagramme, Ziffern, Tabellen, Abakus etc. hat sich auf das menschliche Gehirn ausgewirkt, wer Schreiben, Lesen und Rechnen lernt, ändert dieses dauerhaft. Dazu gehört die Verinnerlichung von Normen, aber ganz basal die Perspektivenübernahme, das Verstehen der anderen. Dies ist möglich aufgrund der Darstellungsfunktion der Sprache, da sich Objekte, Ereignisse, Sachverhalte, Verhaltensweisen benennen lassen und damit das innere Probehandeln optimieren. Zentral ist die Kontrolle psychischer Prozesse mit Hilfe der Sprache. Durch die Internalisierung der sprachlichen Kommunikation kann sich ein Gregory Wesen selbst instruieren, sich selbst auffordern, mit sich reden und sich sprachlich klar machen, wie man was tut. Diese Steigerung der Selbstkontrollmöglichkeiten mit Hilfe der Sprache ist günstig für die Kooperation, da über sozial geteilte Intelligenz die individuelle Intelligenz profitieren kann. Vor allem können so Überzeugungen über andere, über sich und die Welt ausgebildet werden. Kollektive Intentionalität, also die Überzeugungen, die eine Gruppe gemeinsam teilt, ist die Voraussetzung für das Teilen von Zielen und damit für Kooperation und soziale Kohärenz. Welche Ziele wie wichtig sind, was als gut für alle und schädlich für alle angesehen wird, macht die Ausbildung gemeinsamer Normen, einer gemeinsamen Moral nötig. Dies wiederum geht nur aufgrund der sprachlich vermittelten Möglichkeiten von Selbstkontrolle. Popper und Gregory Wesen können die Folgen ihres Handelns, für sich und insbesondere für Mitwesen bedenken und sind damit moralische Wesen, da sie nun gut und böse unterscheiden. Die Goldene Regel ist dabei eine wichtige Errungenschaft als Kriterium, wie man miteinander umgehen sollte. Zu bedenken ist, dass wir als Gregory Wesen die anderen Wesen gewissermaßen wie Matrioschka-Puppen in uns haben. Am Ende brauchen wir wie alle Lebewesen bestimmte physische Mittel zum Leben, aber wir sind die einzigen Wesen, die den Lebenszusammenhang verstehen, aber, und das zeigt die Macht unserer Skinner Triebnatur, wir handeln sehr oft, vielleicht inzwischen zu oft, gegen unsere Einsicht, gegen unsere spezifische Form von Intelligenz, sicher auch, weil das Handeln nach Einsicht häufig nicht mit unmittelbaren Belohnungen verbunden ist. Die zentrale Rolle von Belohnungen für die menschliche Verhaltenssteuerung kann man sich über den sekundären Verstärker Geld verdeutlichen,

---

6   Dean et al., 2012.

mit dem Menschen nicht nur primäre Verstärker kaufen können, sondern auch Anerkennung und Status werden danach bemessen.[7]

Allen Intelligenzdefinitionen ist gemeinsam, dass mit Intelligenz die allgemeine Fähigkeit bezeichnet wird, Ziele zu bilden und Ziele zu realisieren, Ziele verstanden wie oben als Problemstellung, in einer großen Bandbreite unterschiedlicher Umgebungen.[8] Alle Lebewesen haben Ziele, die vom Grundziel her verstanden werden müssen, die eigene Existenz zu sichern (Selbsterhaltung). Evolutionär hat sich das Gehirn in Verbindung mit der Komplexitätszunahme von Lebewesen hin zu tierlichen Vielzellern als biologisches Intelligenzorgan herausgebildet, um sich so an immer vielfältigere Ökosysteme anpassen zu können. Von daher wurde es funktionell, eine allgemeine Intelligenz auszubilden, die Invarianten, das Gemeinsame, aus unterschiedlichsten Situationen abstrahieren kann. Das Werkzeug der Sprache und ein symbolisch verfasstes Weltmodell ist dafür optimal, da mit begrenzten kognitiven Mitteln praktisch unbegrenzte Weltmodelle, vor allem unter Nutzung von Logik und Mathematik, möglich sind. Wer nur in einer bestimmten Umgebung intelligentes Verhalten zeigen kann, weist eben eine spezialisierte, spezielle Intelligenz auf. Woran erkennt man, dass sich ein Lebewesen, ein Mensch in intelligenter Weise mit seiner Umgebung, mit vielen unterschiedlichen Umgebungen auseinandersetzen kann?

Psychometrische Erforschung der Humanintelligenz

Wenn man auf wissenschaftliche Weise einem Menschen die latente Variable Intelligenz zuschreiben möchte, dann muss man auf Observablen, beobachtbares Verhalten zurückgreifen und dieses objektiv registrieren. In der Psychometrie geht man dazu so vor, dass man Menschen mit Anforderungen, Problemen, Aufgaben konfrontiert, die nach bestimmten Kriterien konstruiert werden und die den Charakter von künstlichen, konstruierten Anforderungen haben. Diese Aufgaben sollten idealerweise eine repräsentative Stichprobe der Problemtypen sein, mit denen Menschen in verschiedenen Lebenslagen konfrontiert werden. Die abstrakte Struktur der Aufgaben sollte sich in der konkreten Struktur vieler Probleme, die Menschen fordern, finden lassen.[9]

Für eine Aufgabe gilt, dass die Bedingungen der Bearbeitungsbereitschaft erfüllt sind, dass sich objektive Endresultate erzielen lassen, P1 muss die Aufgabenstellung verstehen, welche Resultate möglich sind (richtig, falsch, Geschwindigkeit), P1 muss motiviert sein, die Aufgabe instruktionsgemäß zu lösen. Die Aufgaben werden zu Aufgabenklassen nach der Art des Zeichentyps (Syntax,

---

7   Zum Turm des Generierens und Testens s. Dennett, 1994; zum Effektgesetz s. Dennett, 1975.
8   Legg & Hutter, 2007.
9   Zur Psychometrischen Intelligenz s. Hernández-Orallo, 2017; Rost, 2013; Mack, 1999.

semantischer Gehalt, z.B. sprachlich, numerisch, figural), der erforderlichen Bearbeitungs-Antwortaktionen (mündlich, ankreuzen, Knöpfe drücken etc.) und der Bearbeitungsmittel (Papier und Bleistift, Tasten, Geräte etc.) zu einer Testbatterie zusammengestellt und in einer für alle zu Testenden vergleichbaren Situation in vergleichbarer Weise vorgegeben. Dazu gehört die Instruktion, also was ist in welcher Zeit zu tun, die Erklärung der Aufgaben anhand von Beispielen, die objektive Registrierung der Aufgabenlösungen und die objektive Bewertung und Auswertung der Aufgabenlösungen. Objektiv heißt hier, dass Durchführung, Registrierung und Auswertung des Intelligenztests unabhängig von der durchführenden, auswertenden Person sind. Die Aufgabenauswahl erfolgt nach den vermuteten kognitiven Prozessen, die zur Aufgabe nötig sind (z. B. Lesen von 4 Worten, Abrufen aus dem Gedächtnis, Bedeutungsverstehen, Identifizieren von 2 Wörtern, die sich ähnlicher als die beiden anderen sind), Präsentationsformaten (verbal, figural, bildlich, diagrammatisch), welche natürlich bestimmte Fähigkeiten wie sprachliche und variierende Bildungsanteile voraussetzen, aber vor allem nach der Schwierigkeit. Das ist die Wahrscheinlichkeit, mit der eine Anzahl Pi die Aufgabe lösen können. Bei den Aufgaben handelt es sich dominant um kognitive Aufgaben, die mit Schreibgeräten oder PC-Interfaces bearbeitet werden können. Beansprucht bei der Bearbeitung kognitiver Aufgaben werden psychische Funktionen und Operationen wie Wahrnehmung (meist primär visuelle), Erkennen von Zeichenformaten (Unterscheiden, Klassifizieren), Gedächtnis (Klassifizieren, Abrufen, Antizipieren und Vergleichen, Zwischenspeichern, Aktualisieren), Entscheiden, induktives und deduktives Schlussfolgern, Geschwindigkeits-Genauigkeitsabgleich. Zentral sind Operationen wie Generieren und Testen, Suchen, Vergleichen, Merken, Abrufen, Ordnen, Klassifizieren. Ein Intelligenztest ist die Stichprobe aus einer Menge unterschiedlicher Aufgabenklassen, die zu einer Serie, eben einem Test zusammengestellt werden. Die Aufgaben müssen psychometrische Gütekriterien erfüllen (Objektivität, Reliabilität, Validität, Schwierigkeit), die in der Klassischen Testtheorie oder in der Probabilistischen Testtheorie formuliert werden. Die Testbearbeitung ist zeitlimitiert. Die Testleistung wird in der Regel als Summe der bepunkteten Aufgabenlösungen ermittelt, es können auch Untertestleistungen ausgewertet werden (z. B. Untertest räumliches Vorstellen). Der Test wird an einer repräsentativen Stichprobe altersnormiert, die Testergebnisse, der IQ, ist daher stets ein relatives Maß.

Zum IQ

Ein kurzer historischer Rückblick soll verständlich machen, was es mit dem IQ auf sich hat. Grundlegende Determinanten der intellektuellen Leistungsfähigkeit beim Menschen sind Erziehung und Bildung durch Lehrende in Form von Vormachen, Nachmachenlassen, übendes Wiederholen, Instruktionen, was wie bedeutsam ist, gemerkt und gekonnt werden muss. Diese bildende, belehrende Instruktion vor allem der Geistestechnologien Lesen, Schreiben, Rechnen, Konstruieren findet erst seit wenigen hundert Jahren systematisch außerhalb der Familie in der Schule statt, wobei es einen Bildungskanon, aber auch handwerkliche Ausbildung seit Beginn der menschlichen Kultur gibt. Bildungsabhängiges, sprach- und symbolvermitteltes Wissen und Können sind damit eine wichtige, aber kulturabhängige Determinante der menschlichen intellektuellen Leistungsfähigkeit. Neben Erziehung und Bildung als Determinante der intellektuellen Leistungsfähigkeit gibt es die biotische Verfassung des Organismus Mensch, die die biologische Determinante der Intelligenz ausmacht. Die Gene spielen eine wesentliche Rolle für Aufbau und Entwicklung des Organismus, insbesondere für das Gehirn. Intelligenzunterschiede zwischen Menschen weisen eine hohe Erblichkeit auf, ca. 60% bis 70%. Der Einfluss der geteilten Umwelt ist im Kindes- und Jugendalter erheblich größer als im Erwachsenenalter, was zeigt, dass die Intelligenzentwicklung in der Interaktion zwischen Genen und Umwelt besteht.

Es wird angenommen, dass diese Interaktion sich vor allem auf die Effizienz der neuronalen Informationsverarbeitung auswirkt. Die Gene beeinflussen v.a. die Effizienz und Effektivität der neuronalen Netze und damit letztlich das Verhältnis von Signal zu Rauschen. Sehr intelligente Menschen haben spezifische neuronale Netzwerke, die fehlerärmer und schneller arbeiten als die entsprechenden Netzwerke weniger intelligenter Menschen. Das wird auch durch Verhaltensmaße wie Reaktions- und Inspektionszeiten belegt. Der sog. „mental speed" korreliert sehr hoch mit allgemeinen Intelligenzmaßen, insbesondere der sog. „flüssigen Intelligenz". Ein Kandidatennetzwerk im menschlichen Gehirn wird mit der sog. Präfrontalen-parietalen Integrationstheorie[10], postuliert und auch nachgewiesen basierend auf Korrelationen zwischen Intelligenzmaßen und neuronalen Aktivitätsmusteränderungen in bestimmten neuronalen Regionen erfasst mit bildgebenden Verfahren.

---

10 P-FIT, Jung & Haier, 2007.

Generell ermöglichen komplexe neuronale Netzwerke das adaptive, dynamische Programmieren zum Lernen von Musterkategorien, Einordnung von Information in Klassen und Nutzung von Regularitäten, um Vorhersagen und Verhaltensoptimierungen vorzunehmen basierend auf den oben erwähnten Generieren-und-Testen-Algorithmen. Keine natürliche kognitive Architektur und keine natürliche Intelligenz funktioniert ohne Motive (Ziele), Motivation (das Anstreben von Zielen), um Bedürfnisse entlang der Emotionsdimension Lust- Unlust zu befriedigen, die zur Bewertung der Umgebung als günstig oder ungünstig für die Existenzsicherung als Basismotiv dienen.[11]

Für die Messung der Intelligenz bedeutet das, dass man bildungs- und damit kulturabhängige Komponenten der Intelligenz, vereinfacht gesagt: gelerntes Wissen, von einer kulturunabhängigen Komponente der Intelligenz trennen können sollte. Damit verbunden ist die Annahme, dass die eher biologische Seite der Intelligenz, insbesondere die neuronale Musterverarbeitungseffizienz, die Voraussetzung für das Lernen von Wissen und Können ist. Diese allgemeine Intelligenz sollte die Voraussetzung für die Ausbildung der speziellen, wissensbasierten Intelligenz sein. Wenn man die Intelligenzperformanz, also beobachtbare Leistungen (Prozesse, Produkte) eines Menschen betrachtet, so kann man sich an das Schema der Intelligenzmessung halten, das Thorndike et al.[12] vorgeschlagen haben: (1) Löst P1 unter gleichen Bedingungen eine komplexere Aufgabe als P2, dann ist P1 intelligenter und hat ein höheres Intelligenzniveau. (2) Löst P1 bei gleichen Bedingungen und mit gleichem Intelligenzniveau wie P2 mehr Aufgaben als P2, dann hat P1 eine größere Intelligenzbreite. P1 muss nicht unbedingt intelligenter als P2 sein, aber P1 kann die eigene Intelligenz besser nutzen als P2, breiter anwenden. (3) Löst P1 unter gleichen Bedingungen bei gleichem Intelligenzniveau die gleiche Anzahl von Aufgaben in kürzerer Zeit als P2, dann ist P1 intelligenter als P2 aufgrund höherer Intelligenzgeschwindigkeit. Menge, Genauigkeit und Geschwindigkeit sind beobachtbare und objektivierbare Performanzeigenschaften, die sich bei jeder Art von Leistung und den meisten Aufgabenarten beobachten lassen. Die Unterscheidung zwischen Breite und Höhe der Intelligenz entspricht in gewissen Bereichen der Unterscheidung zwischen Wissens- und Intelligenztests. Wer in einem Wissenstest gut abschneidet, ist im Allgemeinen auch intelligenter, aber Intelligentere können durchaus weniger wissen als der Durchschnitt. Wissen ist in diesem Zusammenhang einfach das Ergebnis selbst gemachter

---

11 Werbos, 2009; Dörner, 2013.
12 Thorndike et al., 1927.

Erfahrungen, erhaltender Belehrung und Unterrichtung. Intelligenztests sollten aber nicht bildungsabhängiges Wissen, kulturabhängige Bildungsgelegen-
heiten messen, sondern die intellektuellen Voraussetzungen, Wissen erwerben,
Lernen zu können, also das Bildbarkeitspotential. Diese Überlegungen führten
historisch zur Konstruktion des IQ. Für Binet stellte sich im schulischen Kontext die differentialdiagnostische Frage, ob Leistungsprobleme in der Schule
auf allgemeine intellektuelle Defizite (eingeschränktes Bildbarkeitspotential)
oder auf suboptimale erzieherische, didaktische, soziale Einflussgrößen wie
fehlende Wertschätzung oder Unterstützung schulischen Lernens seitens der
Familie zurückgehen.

Box 2 Historischer Hintergrund des IQ

Intelligenzalter. Problem für Binet: Gehen Leistungsdefizite in der Schule auf intellektuelle Defizite (konstitutionell bedingtes eingeschränktes Bildbarkeitspotential)
oder auf suboptimale erzieherische, didaktische, soziale Einflussgrößen zurück. Ausgangspunkt des IQ war das Intelligenzalter. Binet konstruierte eine Reihe von Aufgaben (Stufentest), von denen er annahm, dass sie die meisten Kinder eines bestimmten
Alters lösen können, z.B. die meisten sechsjährigen. Er verglich den altersgemäßen
Durchschnitt der Aufgabenlösungen von Sechsjährigen mit den Aufgabenlösungen
eines sechsjährigen Kindes, das er als Intelligenzalter bezeichnete. Entsprach die
Leistung des sechsjährigen Kindes der durchschnittlichen der Sechsjährigen, dann
hatte es ein Intelligenzalter von 6 Jahren, konnte es schon die Aufgaben lösen, die
Siebenjährige lösen, dann hatte es ein Intelligenzalter von 7 und war damit über-
durchschnittlich intelligent; hatte es ein Intelligenzalter von 5, weil es die Aufgaben
für Sechsjährige nicht lösen konnte, aber die der Fünfjährigen, dann war es unter-
durchschnittlich intelligent. Binet schrieb also Intelligenz als quantitativ abstufbare
Persönlichkeitseigenschaft einem Kinde zu auf der Grundlage der Lösungsgüte von
Testaufgaben (Items), die dem Kinde vorgegeben wurden.

Intelligenzquotient (IQ). Allerdings ist der Vergleich von Intelligenzalter mit dem
Lebensalter problematisch, da sie die Vergleichbarkeit der Differenzen beider über die
Kindheit, generell über Lebensphasen voraussetzt. Hat eine Vierjährige ein Intelligenzalter von 6 und eine Sechsjährige ein Intelligenzalter von 8, so ist der Intelligenzvor-
sprung von 2 Jahren der Vierjährigen anders zu bewerten als der der Sechsjährigen.
W. Stern schlug daher vor, das Intelligenzalter ins Verhältnis zum Lebensalter zu setzen, um eine bessere Vergleichbarkeit von Intelligenzunterschieden zu ermöglichen,
den klassischen IQ: (Intelligenzalter / Lebensalter) * 100.

Abweichungsintelligenzquotient (AIQ). Der klassische IQ ist mit der Annahme verbunden, dass sich die Intelligenz in logarithmischer Abhängigkeit vom Lebensalter
entwickelt. Das trifft allerdings nur bis ungefähr zum 15. Lebensjahr zu. Desweite-
ren ist kein Vergleich der IQs aus verschiedenen Altersgruppen möglich. Als Lösung
wurde der sog. AbweichungsIQ, AIQ, konstruiert, der bis heute eine dominante Rolle
in der psychometrischen Intelligenzmessung spielt. Der AIQ gibt die Differenz zwischen der von einem Probanden erzielten Testleistung (t) und dem Mittelwert (Mt)

des Tests an, der an einer bestimmten Altergruppe normiert worden ist, wobei diese Differenz auf die Streuung der Testwerte in dieser Altersgruppe, st, bezogen wird. Man transformiert diesen Wert in eine Variante der Gauss'schen Normalverteilung, häufig in eine mit Mittelwert = 100 und Streuung = 15, so dass der AIQ so definiert wäre: $AIQ = 100 + 15 * ((t - Mt)/st)$. Wenn heutzutage von IQ die Rede ist, dann ist immer der AIQ gemeint.

Der IQ bedeutet nicht, dass eine Person P1 so und so intelligent ist, sondern dieser besagt, dass P1 relativ zu einem Intelligenztestverfahren relativ zu einer altersgemäßen Vergleichsgruppe eine bestimmte Position einnimmt. AIQs geben die relative Position der Intelligenzleistung von P1 in der Verteilung der Intelligenzleistung der (Alters-) Gruppe an, zu der P1 gehört. Es bietet sich hier der Vergleich mit Schulnoten als Leistungsmaße an. Auch in diesem Falle besagt die Note nicht, wie gut jemand ist, sondern sie besagt, wie gut jemand relativ zu einer Klausur relativ zur Schulklasse ist. Leider wird die Note als Ziffer angegeben und suggeriert eine absolute Leistungsbewertung. Es wäre korrekt, wenn die Note als Prozentrang angegeben werden würde, z. B. PR80, also dass 20% der Klassenmitglieder bei der Klausur K besser waren. So gibt ein AIQ um die 100 an, dass P1 intelligenter ist als 50% der Referenzpopulation. Eine extrem hohe Intelligenz hätte P1 bei einem AIQ von 130 bis 145, da dann nur ca. 2% der Referenzpopulation intelligenter als P1 wären; AIQs von größer als 145 zeigen Spitzenintelligenz an, die nur 0.1% der Population aufweisen. Die normale, durchschnittliche Intelligenz weisen 68% der Population auf, sie läge zwischen einem IQ von 85 und 114. 16% liegen unter dem IQ von 85 und haben eine unterdurchschnittliche Intelligenz, 14% liegen zwischen einem IQ von 115 und 129 und gehören damit zur Teilpopulation der überdurchschnittlich Intelligenten.

Bis heute stellt sich für die Intelligenzforschung die treibende theoretische Frage, aus welchen kultur- und bildungsunabhängigen kognitiven Prozessen die intellektuellen Voraussetzungen kulturvermittelten Wissens- und Könnens bestehen. Es müssen sich um allgemeine Prozesse handeln, da sie eben in jedem kulturellen, in jedem Lernkontext von zentraler, bedingender Relevanz sind. Praktisch bedeutet das zunächst, dass Intelligenztests, die dominant kulturabhängiges Wissen erfassen, unfair sind. Wenn Wissen, das vor allem in der Schule und in Bildungsreinrichtungen meist in sprachlicher Form erworben wird, herangezogen wird, um Intelligenz zu messen, dann können die Intelligenztests sehr unfair sein, wenn man Probanden testet, die aufgrund benachteiligender Umstände wenig Bildung erhalten haben. Sie würden bei einer Intelligenztestung eventuell als unintelligent beurteilt werden und dadurch eventuell weitere Nachteile erleiden. Historisch gibt es erst seit relativ kurzer Zeit eine institutionelle Einrichtung namens Schule, in der eine große Zahl von Menschen Wissen und Fertigkeiten erwerben, vor allem Kulturtechniken wie Lesen, Schreiben, Geometrie und Rechnen. Es wäre falsch, allen Menschen, die keine Schulbildung haben oder keine zertifizierte Ausbildung hatten oder haben, also unter Bildungsarmut leiden, deswegen kognitive Fähigkeiten, Intelligenz abzusprechen. Die Gleichsetzung von Intelligenz mit Schul- und Bildungswissen und -können würde auch im Falle von Tieren falsch sein.

Von daher ist es ein Anliegen der psychometrischen Intelligenzforschung, faire Intelligenztests zu konstruieren und zur Intelligenzmessung zu verwenden.

Vereinfacht gesagt enthalten faire Intelligenztests Aufgaben, zu deren Lösung möglichst wenig Bildungswissen und Gelerntes im Sinne von kulturabhängigem Wissen verwendet werden muss. Die Problemaufgaben bestehen meist aus räumlichen Mustern, Figuren, die eine oder mehrere Regelmäßigkeiten aufweisen, nach denen eine Serie von räumlichen Mustern konstruiert ist. Diese Muster werden meistens in Form einer Reihe oder einer Matrix präsentiert. Die Reihe muss durch ein Muster ergänzt werden und in der Matrix gibt es an bestimmten Stellen eine Lücke, die gefüllt werden muss. Aus einer Menge von 4 bis 6 Alternativmustern passt zur Reihenfortführung oder Matrixergänzung nur ein Muster, das ausgewählt werden muss. Es werden deutlich mehr Aufgaben präsentiert, als in der vorgegebenen Bearbeitungszeit bearbeitet werden können. Dennoch sind auch stärker kulturgebundene Aufgaben zur Intelligenzmessung geeignet. Dies sind vor allem Aufgaben im sprachlichen Format. Es werden Fragen gestellt, die auch Bildungsgut umfassen, Fragen nach der Beziehung zwischen Wortbedeutungen, sprachlich formulierte arithmetische, mathematische Aufgaben, wie das Fortsetzen von Zahlenreihen. Ein sehr guter Indikator sind sprachliche Analogieaufgaben. Es können auch Aufgaben zum mechanischen Verständnis verwendet werden, die physikalisches Verständnis voraussetzen.

Struktur und Dimensionen der Intelligenz

Ein wesentliches Ziel der psychometrischen Intelligenzforschung ist es, die Struktur der Vielzahl menschlicher Fähigkeiten zu erforschen und mit möglichst wenigen Fähigkeitsdimensionen zu beschreiben. Die einfachste Struktur wäre die, dass es eine Dimension allgemeine Intelligenz und untergeordnet einige Dimensionen spezieller Intelligenz gäbe. Der Psychologe Charles Spearman war von der Realität dieser Struktur überzeugt, da sie mit seinen theoretischen Überlegungen und seinen empirischen Befunden, die er korrelationsstatisch, faktorenanalytisch modelliert hat, übereinstimmten. Seit Spearman wird für die Allgemeine Intelligenz der Buchstabe g oder G verwendet und es wird angenommen, dass G allen intelligenten Leistungen mehr oder weniger zugrunde liegt. Spearman charakterisierte G durch die von ihm so genannten drei Gesetze der Noegenese[13]: 1. Das Gesetz der apprehension of experience, 2. das Gesetz der eduction of relations und 3. das Gesetz der eduction of correlates. Mit der apprehension of experience ist die Erfassung und Feststellung des aktuell in der gegenwärtigen Erfahrung Gegebenen gemeint, es ist der Aspekt der Diagnose der aktuellen eigenen Situation. Welche Gegenstände sind in der Erfahrung gegeben, was ist zu erwarten, was wird geschehen, wenn ich H tue? Beim Problemlösen ist das die Phase der Problemdiagnose,

---

13 Spearman, 1927.

was ist jetzt das Problem, was ist das jetzt zu verfolgende Ziel im Kontext weiterer Ziele? Das bringt die beiden anderen Gesetze ins Spiel. Spearman war an der gestaltpsychologischen Auffassung orientiert, dass Probleme lückenhafte Wissensstrukturen sind und dass das Lösen eines Problems im Auffinden und Schließen der Lücken des Problems besteht. Die Lücken können, sehr abstrakt gedacht, von zweierlei Art sein: Es können zwischen Relata die Relationen unbekannt sein. Dann müssen die Relationen zwischen den Relata (Objekte, Ereignisse, Sachverhalte, Muster) gefunden werden, z. B. die Teil-Ganzes-Relation, Ursache-Wirkungs-Relation, Größer-Kleiner-Relation, Ähnlichkeitsrelation, was ein Fall des zweiten Gesetzes der Noegenese ist. Es können aber auch die Relata zwischen Relationen unbekannt sein, dann müssen die Relata, die Korrelate zwischen Relationen gefunden werden, was ein Fall des dritten Gesetzes der Noegenese ist. Natürlich können auch gleichzeitig Relationen und Relata einer Teilstruktur eines Problems unbekannt sein. Spearman war wie die Gestaltpsychologen überzeugt, dass jede Problem- und Aufgabenstruktur zunächst eine unvollständige Gestalt ist, die vervollständigt werden muss durch geistige Operationen. Empirisch sah er sich dadurch bestätigt, dass alle von ihm verwendeten Aufgabentypen in Intelligenztestungen positiv korrelierten (zur Korrelation s. Box 3). Diese Ähnlichkeit in der Leistungsvariation ist eine Stütze der Hypothese, dass allen Intelligenztestaufgaben eine gemeinsame latente Fähigkeitsdimension zugrunde liegt, eben die Allgemeine Intelligenz G. Der Befund, dass alle Intelligenztestaufgaben eine sog. positive Mannigfaltigkeit bilden, also positiv interkorrelieren, hat sich seit gut 120 Jahren in der Psychometrie in einer Vielzahl von Studien replizieren lassen. Diese positiven Interkorrelationen sind das eigentliche Explanandum der psychometrischen Intelligenzforschung.

Box 3 Korrelation

Korrelation ist ein statistisches Maß, um, grob gesagt, die Ähnlichkeit, den Zusammenhang zwischen Daten zu bestimmen. Die Ähnlichkeit bezieht sich auf die Variabilität um den Mittelwert einer Datenreihe X im Vergleich mit der Variabilität um den Mittelwert einer Datenreihe Y, also um die Ähnlichkeit in der Unterschiedlichkeit der Merkmalsausprägungen, Maße, X und Y. Damit verbunden ist die Annahme, dass es ähnliche Einflussgrößen auf die Variabilität der Merkmalsausprägungen von X und Y gibt. Positive Korrelationen besagen, dass die Variabilität der X-Werte in die gleiche Ausprägungsrichtung geht wie die Variabilität der Y-Werte, negative Korrelationen, dass die Variabilitätsrichtungen der X- und Y-Werte entgegengesetzt verlaufen. Man sagt, dass die Datenreihen X und Y positiv oder negativ zusammenhängen, korrelieren. Korrelationen sind so normiert, dass sie Werte zwischen $r = +1$ und $r = -1$ annehmen können. Eine Korrelation von Null besagt, dass es zwischen der Variabilität der

44 Wolfgang Mack

X- und der Y-Werte keinen Zusammenhang gibt, da es in beiden Datenreihen gleich viele Abweichungen vom Mittelwert in beide Richtungen (größer, kleiner als der Mittelwert, ähnlicher Betrag) gibt. Eine Null-Korrelation darf man kausal interpretieren, da dann auch kein Kausalzusammenhang existiert. Ansonsten darf man Korrelationen nicht kausal interpretieren, da ein Zusammenhang zwischen x und y z.b. durch eine dritte Größe z eventuell kausal vermittelt wird. Korreliert ein Intelligenzmaß wie der IQ positiv z. B. mit Maßen des Berufserfolges, dann bedeutet das, dass die Unterschiedlichkeit der IQ-Maße mit der Unterschiedlichkeit der Berufserfolgsmaße positiv zusammenhängt, also je intelligenter jemand ist, desto höher ist die Wahrscheinlichkeit, dass diese Person auch erfolgreicher im Berufsleben ist. Kennt man die Rangunterschiede der Personen in einem IQ-Maß, dann kann man damit die Rangunterschiede der Personen in einem anderen Leistungsmaß vorhersagen.

Werden Intelligenztests Zufallsstichproben von Personen vorgegeben, ist stets festzustellen, dass die Tests positiv interkorrelieren. Relativ unabhängig vom Aufgabentyp, ob räumlich-figurational, verbal, arithmetisch, stets lassen sich die getesteten Personen mit den Aufgabentypen in die gleiche Leistungsrangreihe bringen. Zwar sind diese Korrelationen nicht maximal, aber sie sind überwiegend bedeutsam größer als Null. Ein wesentliches Ziel nicht nur der psychometrischen Intelligenzforschung besteht darin, die beobachtbaren Leistungen mit möglichst wenigen Leistungsdispositionen zu beschreiben. Ansonsten gäbe es so viele Leistungsdispositionen wie es Testaufgabenklassen gibt. Wie viele latente Fähigkeitsdimensionen reichen aus, um die manifesten Leistungsdifferenzen zu beschreiben? Wenn es mehrere latente Fähigkeitsdimensionen gibt, in welcher Beziehung stehen diese dann, sind sie voneinander unabhängig oder abhängig? Zu diesem Zweck wurden faktorenanalytische Techniken entwickelt, um mögliche Strukturen in der Datenmatrix D, bestehend aus N Personen und P Testwerten zu extrahieren. Das Element dij enthält den Testwert einer Person i im Test j. Projiziert man die i Personenwerte in ein Koordinatensystem, dann resultiert ein N-dimensionaler Personenraum, in dem die Tests als Vektoren dargestellt sind. Interkorrelieren die Tests positiv und sehr hoch, dann zeigen alle Testvektoren in die gleiche Richtung und sind gebündelt. Das Ziel von Faktorenanalysen ist es, die Zahl der Testvektoren zu reduzieren, indem hoch korrelierende Testvektoren durch einen neuen, konstruierten ersetzt werden. Dieser neue Vektor wird so in die empirischen Vektoren platziert, dass die Korrelationen der empirischen Vektoren mit diesem hypothetischen Vektor maximal sind, man spricht von Ladungen der Tests auf dem „Faktor". Der Faktor wird dann im Rahmen der psychologischen Theorie als latente Eigenschaft, als Fähigkeit interpretiert. Da es gemäß der Linearen Algebra praktisch unendliche viele Möglichkeiten gibt, in einen N-dimensionalen Raum (aufgespannt durch die

empirischen Testvektoren) einen Unterraum (aufgespannt durch die hypothetischen Faktoren) einzufügen, müssen psychometrische, theoretische Überlegungen herangezogen werden, um Kriterien zu definieren, die diese Möglichkeiten
stark einschränken. Diese beschränken die Struktur des Faktorenraumes, der
als Unterraum in den empirisch generierten Testraum eingefügt wird, um möglichst viele, idealerweise alle, Testvektoren zu laden und diese damit als Modell
vorhersagen zu können. Ein Kriterium ist das der Orthogonalität (Konstruieren
von unabhängigen, unkorrelierten Faktoren), ein anderes ist das der Einfach-
struktur (Tests, die mit einem Faktor korrelieren, sollten mit anderen Tests zu
Null korrelieren). Die Befolgung des ersten Kriteriums führte zur g-Konzeption
der Intelligenz nach der Spearman'schen Intelligenztheorie: Es ist eine einzige
basale intellektuelle Leistungsdimension anzunehmen indiziert durch den sog.
Generalfaktor, die allen Testleistungen zu Grunde liegt. Die Befolgung des zweiten Kriteriums führte zu derjenigen Konzeption, die in der Intelligenz eine Kon-
figuration mehrerer unabhängiger intellektueller Grundfähigkeiten sieht (wie
verbale, numerische, räumliche, induktiv-schlussfolgerndes Denken, mentale
Geschwindigkeit usw.). Dies entspricht dem Intelligenzmodell von Thurstone.[14]
Beide Kriterien ließen sich nie vollständig erfüllen: Weder konnte man zeigen,
dass nur ein sinnvoll interpretierbarer Faktor extrahierbar ist noch dass mehrere
extrahierte Faktoren von einander unabhängig sind, also nicht interkorrelieren
und dass kein Generalfaktor extrahierbar ist. Da aber nach dem Einfachstruk-
turkriterium die hypothetischen Faktoren interkorrelieren, können diese durch
einen Faktor höherer Ordnung ersetzt werden. Daher wurden die beiden fakto-
renanalytischen Grundmodelle der Intelligenz zu einem hierarchischen Modell
verbunden. Hierarchische Modelle sind in der aktuellen Psychometrie die am
besten getesteten (mit der sog. konfirmatorischen Faktorenanalyse) und durch
eine sehr große Zahl repräsentativer Studien abgesichert (McGrew, 2009; Rost,
2013). An der Basis der Modellhierarchie finden sich Grundfähigkeiten, die-
jenigen, die Aufgabenklassen zugrunde liegen (z B. Aufgaben, die die mentale
Geschwindigkeit oder speziellere numerische Fähigkeiten messen). Darüber liegen allgemeine Gruppenfaktoren, die mehreren Aufgabenklassen zugrunde liegen sollen. z.B. räumliche Fähigkeiten, verbale Fähigkeiten. An der Spitze steht
ein reiner g-Faktor, also eine Intelligenzdimension, die allen Arten von getesteten Aufgaben zugrunde liegt.

Das aktuelle hierarchische Standardmodell der psychometrischen Intelligenzforschung ist das Cattel-Horn-Carroll-Modell (CHC-Modell)[15]. Es

---

14 Rost, 2013.
15 Carroll, 1993; McGrew, 2009.

integrierte alle Evidenzen und Daten aus methodisch korrekt durchgeführten Messungen menschlicher Intelligenz mit Intelligenztests, die ebenfalls die psychometrischen Gütekriterien erfüllen und in dominanter Weise auch kulturfaire Aufgaben beinhalteten. Es weist die oben erwähnten drei Faktorenebenen auf, oben der allgemeinen g-Faktor, darunter spezifischere, aber noch sehr allgemeine g-Gruppenfaktoren (fluide Intelligenz, kristallisierte Intelligenz, Gedächtnis & Lernen, Verarbeitungsgeschwindigkeit / Wahlreaktionszeit, Einfallsreichtum) und darunter spezifische Fähigkeiten wie lexikalisches Wissen, Lesegeschwindigkeit, Kommunikationsfähigkeit, Textverständnis, mathematische Teilleistungen usw. Das CHC-Modell wird gegenwärtig weiter beforscht und weiterentwickelt. Es lassen sich alle Spezialintelligenzen in dieses Modell integrieren.

Zu bedenken ist, dass viele Spezialintelligenzen hypothetischen Charakter haben wie Emotionale oder Soziale Intelligenz, u.a. deswegen, weil keine psychometrisch adäquaten Tests dafür vorliegen. Da aber auch emotionale und soziale Sachverhalte durch das Gesetz der Noegenese abgedeckt sind, ist zu erwarten, dass es sich nicht um eigenständige Intelligenzarten handelt. Mit anderen Menschen umgehen können macht schließlich nötig, deren Perspektive einnehmen zu können, Sprache angemessen in kommunikativen Interaktionen einzusetzen, Wissen haben, was Versprechungen und Verträge sind, wie man gemeinsam Güter verteilt, wie Lüge und Täuschungen funktionieren. Das alles macht anspruchsvolle Denkfähigkeiten nötig, da soziale Sachverhalte zum Typ komplexes Problemlösen gehören. Die intentionale Relationalität emotionaler und sozialer Sachverhalte stellt keine Ausnahme vom Gesetz der Noegenese dar.

Das Bedeutsamste für die Intelligenztheorie ist m.E. die Unterscheidung von fluider und kristallisierter Intelligenz, die sich konsistent in hierarchischen Modellen treffen lässt. Die fluide Intelligenz lässt sich am ehesten mit dem g-Faktor in Verbindung bringen und sie steht in enger Verbindung mit der neurophysiologischen Effizienzhypothese der Intelligenz. Dazu gehören Aufgaben zur mentalen Verarbeitungsgeschwindigkeit, das sog. inductive reasoning (induktives Schlussfolgern), das mit schnellem, effektivem Vorhersagen und Reduzieren makroskopischer Indetermination verbunden ist. Das zeigt sich bei komplexen Situationen, die unter Zeitdruck diagnostiziert werden müssen und eine schnelle Entscheidung erfordern, wozu auch die Entscheidungsfolgen mit einkalkuliert werden müssen. In solchen Fällen ist die Belastung des Arbeitsgedächtnisses sehr hoch, es müssen aktuelle Lagen und Lageänderungen mit Wissen aus dem Langzeitgedächtnis schlussfolgernd, entscheidungsvorbereitend verbunden werden, hohe Konzentration muss mit großer Flexibilität im

Sinne ständiger Aktualisierung des Lagebildes und möglichen Aufgabenwechsels abgeglichen werden. Von daher korrelieren Arbeitsgedächtnisaufgaben hoch positiv mit fluider Intelligenz bzw. können als Marker fluider Intelligenz angesehen werden. Es handelt sich also bei fluider Intelligenz um Intelligenz in Aktion, um produktives Problemlösen, gerade in neuartigen, unbekannten Situationen und auch beim Umgang mit neuartigen Problemen. Im Kontrast dazu handelt sich bei kristallisierter Intelligenz um Intelligenz als erworbenes Wissen und als erworbene Fertigkeiten, es ist der „Niederschlag" erziehungsmäßiger, bildungs- und kulturbedingter Erfahrung. Interindividuelle Unterschiede in der fluiden Intelligenz manifestieren sich bei Aufgaben, die schnelles Lernen, Umlernen, Abweichen von Routinen beim Anwenden von Wissen, Flexibilität, induktives Schlussfolgern und Vereinfachen komplexer Lagen erfordert. Interindividuelle Unterschiede in der kristallisierten Intelligenz sind eher bei Aufgaben feststellbar, wenn Routinen effektiv einzusetzen sind, Gelerntes geschickt angewendet werden muss, das Verstehen sprachlich formulierter Probleme wie Textaufgaben, Analogien erkennen, letztlich bei zahlreichen Aufgaben, die im Bildungskontext zur Prüfung des in diesem Bereich erworbenen Wissens verwendet werden.

Zusammenfassend lässt sich feststellen, dass sich das psychometrische Intelligenzmodell durchaus in dem Rahmen bewegt, den Thorndike et al. mit ihrer Unterscheidung von Breite, Höhe und Schnelligkeit von Intelligenz absteckten. Die Intelligenzbreite kann als die inhaltliche Dimension und die Intelligenzhöhe als die Komplexitätsdimension verstanden werden. Die inhaltliche Dimension wird in die großen Bereiche der verbalen, numerischen und räumlichen Fähigkeitsbereiche untergliedert, wohingegen die Komplexität ein Merkmal der Aufgabenstruktur ist, die unabhängig von der inhaltlichen Dimension beispielsweise die Anzahl der Bearbeitungsschritte sowie deren wechselseitigen Bedingungsverhältnisse umfasst und besonders große Belastungen an das Arbeitsgedächtnis, die Intelligenz in Aktion, stellt. Kennzeichnend dafür ist das Vereinfachen, die Reduktion von Aufgaben- und Anforderungskomplexität, die Suche nach dem kürzesten Weg durch den Problemraum, von der Problemausgangslage, der Problemstellung zum Lösungsziel mit möglichst wenigen Schritten, Operationen und Operatoren, zu kommen. Günstig dafür ist eine möglichst hohe Informationsverarbeitungsgeschwindigkeit, da für die Lösung realer Probleme oft nur begrenzt Zeit zur Verfügung steht. Die Bearbeitungsgeschwindigkeit ist ebenfalls eine formale Leistungsgröße, die unabhängig von der materialen, inhaltlichen Dimension ist. Formal betrachtet lässt sich durch die Beschränkung von Bearbeitungszeit oder durch die Instruktion, so schnell wie möglich zu reagieren, eine leichte Aufgabe, die z.B. von 99% der Personen bei ausreichender Bearbeitungszeit gelöst wird, so erschweren, dass durch den erforderlichen Geschwindigkeits-Genauigkeitsabgleich die Streuung der Variablen „Fehler" und „Geschwindigkeit" zunimmt, womit eine zunehmende Differenzierung der Personen möglich wird. Interindividuelle Unterschiede in der Geschwindigkeit werden als Intelligenzunterschiede interpretiert (mental speed) und sind Indikatoren des g-Faktors. Das ist nicht überraschend, da Leistung Arbeit pro Zeit ist. Die Intelligenzhöhe einer Person variiert mit der Komplexität der Aufgaben, die sie zeitlimitiert noch lösen kann. Intellektuelle Leistungen, die komplexen Aufgaben zugrunde liegen, sind ebenfalls Indikatoren des g-Faktors.

Die Definition der Intelligenz als Fähigkeit, neue Probleme lösen zu können, sich in neuen Situationen erfolgreich verhalten zu können, hat viel für sich, aber sie hat Schwächen, weil meist unklar bleibt, was mit „neu" gemeint ist.[16] Wenn „neu" bedeutet, dass es zwischen dem neuen Problem und den gemachten Erfahrungen mit Problemlösen, dem gedächtnisbasierten Wissen, keine Schnittmenge gemeinsamer Elemente gibt, dann kann das neue Problem, das Neue der Situation gar nicht erkannt werden. Erkennen ist die Zuordnung von Wahrnehmungen zu Gedächtniseinträgen, Wissen und bei der Konfrontation mit völlig Neuem bleibt bloß die Erkenntnis, dass da etwas ist, das man nicht erkennt und der erste Problemlöseschritt muss darin bestehen, das Unbekannte bekannt zu machen, z. B. durch Hypothesenbildung und -testung, durch Forschen, Exploration. Das scheint mir der Kern zu sein, Intelligenz als Fähigkeit zum erfolgreichen Umgang mit neuen Problemen zu verstehen, denn es muss Bekanntes mit Neuem verbunden werden. Diese Verbindung kann mit den Spearman'schen Gesetzen der Noegenese, der Ausbildung einer neuen Erkenntnisverfassung hergestellt werden. Aus dem Neuen müssen Relationen und Relata e-duziert werden, biologisch sind das die evolutionär stabilisierten, tradierten Invarianten wie Kausal-, Korrelations- und Ähnlichkeitsrelationen, die konditionales Denken (wenn ich x mache, dann passiert wahrscheinlich y) und hypothetisches Schließen ermöglichen. Neues wird Bekanntem eingeordnet und das, was zunächst neu erschien, wird als kontingent, variant dem Invarianten untergeordnet, denn die Invarianten sind lernrelevant, vor allem für Vorhersagen, weniger die Varianten.

Psychometrische Intelligenzkonzeptionen sind also dadurch gekennzeichnet, dass sie mit Hilfe einer nach psychometrischen Gütekriterien standardisierten Aufgabensammlung versuchen, allgemeine Intelligenzfähigkeiten zu erfassen, von denen angenommen wird, dass sie inhaltlich relativ unspezifisch

---

16 Koenigshofer, 2017.

sind und dem Erwerb und der Nutzung inhaltsspezifischer Wissens- und Fertigkeitsbereiche zugrunde liegen.

Das Problem psychometrischer Intelligenzkonzeptionen

Das Problem psychometrischer Intelligenzkonzeptionen ist, dass sie anthropozentrisch sind.[17] Menschen versuchen, sich ihre kognitiven Fähigkeiten mit Hilfe des Intelligenzbegriffes zu erklären. Damit ist die Annahme verbunden, dass die Intelligenz natürlich im Laufe der Evolution entstanden ist, sie ist also gleichursprünglich mit der Entstehung von Lebewesen. In der Biologie geht man davon aus, dass Leben und Kognition untrennbar miteinander verbunden sind.[18] Erst auf der Ebene von biotischen Individuen entsteht durch die Abgrenzung gegen eine Umgebung mit Hilfe einer „intelligenten" Membran unter Aufwand von Energie eine innere Organisation mit niedriger Entropie bei gleichzeitiger Erhöhung der Umgebungsentropie. Lebewesen sind kybernetische Wesen, da sie diese Organisation nicht ohne die Nutzung von Signalen aufbauen und aufrechterhalten können. Mit dem Begriff des Signals wird die Physik überschritten, die keine theoretischen Möglichkeiten hat, den Begriff Signal aus ihrem Begriffssystem abzuleiten. Mit Signal kommt die Bedeutungszuweisung in die Welt und diese finden wir nur bei Lebewesen. Signal heißt Zeichen von etwas für etwas / für jemanden, um daraufhin zu Aktionen fähig zu sein. Es gäbe auch keine Menschen ohne Signal-, ohne Zeichenverkehr. Kognition ist Signal- und Zeichenverkehr, ohne Zeichen keine Repräsentation, keine Modelle, kein psychisches System, keine Werkzeuge, keine Artefakte und daher eben auch nicht das Artefakt Künstliche Intelligenz. Die Wirkungen von Zeichendimensionen wie Semantik, Syntax, Pragmatik geht über die Ursache-Wirkungs-Beziehung (im Sinne von causa efficiens) hinaus. Das Nachdenken über eine Behauptung wie „Es gibt keine größte natürliche Zahl" lässt sich nicht in physische Effektfolgen auflösen. Signale und Zeichen sind Ereignisse, die kausal unterbestimmt sind. Leben ist Zeichenverkehr[19] und es ist falsch zu sagen, dass in einer Rechenmaschine Zeichenverkehr stattfindet, denn ihr fehlen die Merkmale des Lebendigseins, die Stromimpulsmuster interpretieren zu können, was stattdessen die Konstrukteure dieser Artefakte machen.

Nicht zuletzt deswegen gibt es noch keine allgemeine Intelligenztheorie, weil eine Theorie der Intelligenz Teil einer allgemeinen Theorie der Semiotik

---

17 Hernández-Orallo, 2017.
18 Neumann, 2011.
19 Neumann, 2011.

sein muss. Lebewesen sind biosemiotische Systeme[20] und natürliche Intelligenz als allgemeine Anpassungsleistungsfähigkeit an eine Umgebung ist von daher allen Lebewesen, auch Einzellern zuzuschreiben[21] und im Zuge der Evolution entstanden[22]. Damit erweitert sich das anthropozentrische Intelligenzverständnis auch zu einem biozentrischen Intelligenzverständnis, da wir eben auch Lebewesen sind, Vielzeller, deren Zellstrukturen und Zellbiologie sich nicht wesentlich von der Zellbiologie der Einzeller und anderer Vielzeller unterscheidet. Psychometrisch lässt sich auch die Intelligenz von Tieren messen, z. B. von Hunden, Ratten, Rabenvögeln, wenngleich die Erfüllung psychometrischer Testkriterien für Intelligenztests für Tiere schwerer zu erzielen ist. Eine besondere Herausforderung in diesem Kontext ist die Suche nach der minimalen kognitiven Ausstattung eines Lebewesens[23], aber auch eines Wesens, das kein Lebewesen ist. Dies wirft die Frage auf, ob es eine Art Intelligenz gibt, die nicht anthropozentrisch, nicht biozentrisch zu verstehen ist. Könnte ein Kandidat KI sein, oder Cyborgs, Mischwesen aus Lebewesen kombiniert mit Artefakten wie Sensoren, Chips mit Algorithmen, oder Kollektive Intelligenzen aus unterschiedlich intelligenten Wesen? Vielleicht sind wir ja schon solche Mischwesen, wenn man bedenkt, dass die Zahl der uns besiedelnden Einzeller um eine Zehnerpotenz größer ist als die Zahl unserer Körperzellen, vielleicht denken ja eigentlich unsere Darmbakterien, die uns als geeignete Umgebung für ihr Kollektiv geschaffen haben?

Das wirft die Frage auf, ob eine universale Psychometrie möglich ist, die einen absoluten Maßstab für Intelligenz liefert, so dass alle Arten von Entitäten, die intelligente Aktionen zeigen, mit diesem Maßstab gemessen werden können. Schon die Frage, die Intelligenz von Tieren, Pflanzen, Einzellern mit menschlicher Intelligenz vergleichbar zu machen, macht einen solche Maßstab nötig. Ein solcher Maßstab macht einen Begriff von Fähigkeit und Intelligenz nötig, die nicht abhängig von Populationen bestimmter Art sind.[24] Das wird an dem Begriff Leistung deutlich, der normativ zu verstehen ist, da Menschen bestimmte Erfolgskriterien festlegen, wie man an den Forderungen, bestimmte Leistungen zu erfüllen, ablesen kann.[25] Intelligenztests sind

---

20 Barbierie, 2008.
21 Lyon, 2015; Ford, 2009; Ford, 2017.
22 Bouchard, 2014.
23 Sharov, 2013.
24 Hernández-Orallo, 2017.
25 Hartfiel, 1977.

Leistungsmessungen, setzen Leistungsbereitschaft und definierte Erfolgskriterien als Leistungsmaß voraus. Was sind aber nichtanthropozentrische Erfolgskriterien? Biozentrische Erfolgskriterien sind letztlich nicht normativ, da es nach der Evolutionstheorie nur um die genetische Fitness geht, also die Chance, die eigenen Gene weiterzugeben, sich zu reproduzieren. Von daher gibt es auch keine normative Rangreihung von Lebewesen, sondern man kann nur Lebewesen danach klassifizieren, ob sie überleben und ihre Gene weitergeben oder nicht. Schon im Bereich der nichthumanen Lebewesen kann der menschliche Erfolgsbegriff nicht angewandt werden. Für Menschen ist es eine Verständniszumutung, sich klar zu machen, dass im Rahmen des naturwissenschaftlichen Weltbildes zur Erklärung der Existenz von Lebewesen und deren Intelligenz letztlich nur Zufall und Selbstorganisation zugelassen sind, das Selbst wird von selbst und es verschwindet von selbst. Genausowenig ist die Natur ein intelligenter Agent, der Ziele verfolgt, gar das Ziel, immer intelligentere Wesen zu erzeugen. Die Evolution, so die Lehre, hat kein Ziel und keinen Sinn, sie ist keine moralische Veranstaltung und hat keinen Begriff von einem Besten, Perfekten, Superintelligenten.

Die Suche nach einem solchen absoluten und nicht anthropozentrisch, biozentrisch beschränktem Intelligenzbegriff muss an dem Zweck der Intelligenz ansetzen. Der Zweck ist letztlich, dass ein intelligenter Agent sich so mit seiner Umgebung auseinandersetzen muss, um seine Existenz zu sichern oder, wie im Falle des Menschen, zusätzlich zu erweitern. Die Umgebung stellt die Probleme, die dafür zu lösen sind, dafür muss ein intelligenter Agent eine minimale kognitive Architektur aus Sensoren, Effektoren, Wissensspeicher mit Weltmodell und eine Inferenzeinrichtung (Denkprogramm aus Operationen zur Verarbeitung von informationstragenden Zeichen), aber auch eine Energieversorgungseinrichtung haben, da es keine energielose Informationsverarbeitung gibt. Das einfachste Element des Umgebungsmodelles ist die Klasse existenzdienlich vs. existenzgefährdend (vgl. die o.g. Dennett-Wesen).

Intelligenz, Interesse, Logos

Eine wichtige Grenze zwischen natürlicher Intelligenz und künstlicher Intelligenz markiert von daher das Interesse eines intelligenten Wesens, Systems, seine eigene Existenz auch gegen Widerstand zu sichern. Der etwas altertümliche Begriff des natürlichen Willens, am Leben zu bleiben, kann als vitales Interesse verstanden werden. Wir kennen kein solches Interesse von Nichtlebewesen wie KI-Systemen. Ich finde es intellektuell defizitär, wenn man im Zusammenhang von KI-Systemen von „deep learning" spricht, das auf Verstärkungslernen basiert. Denn Verstärkung ist ein anderes Wort für Belohnung und das setzt ein Wesen voraus, das an Belohnungen interessiert ist, weil ein Bedürfnis wie Hunger zum Interesse an Futter führt. Mir ist kein KI-System mit solchen Bedürfnissen und letztlich mit Interesse an sich selber bekannt. Die Semantik des Begriffes Lernen verweist ebenfalls auf das Eigeninteresse an sich, so dass „deep learning" wie „Künstliche Intelligenz" nicht den Regeln einer angemessenen kritischen wissenschaftlichen Begriffsbildung entsprechen.

Sollte, wie auch immer, eines Tages ein KI-Artefakt sich menschlichen instrumentellen Nutzungswünschen widersetzen, dann hätte sich dieses KI-System zweifellos ontologisch in Richtung natürliche Intelligenz verändert. Wunsch und Lebenswille sind zwar biozentrische Begriffe, aber sie sind wesentlich, um den Zweck von Intelligenz zu verstehen. Von daher meine ich, dass Interesse an sich ein wesentlicher Bestandteil der Definition von natürlicher, allgemeiner Intelligenz sein sollte. Inter-esse ist wie Inter-legere ein Wort, das sich auf eine Relation im Sinne eines Verhältnisses von Entitäten bezieht. Interesse meint, dass P bestrebt ist, in bestimmten Verhältnissen zu non-P zu stehen, diese sollten günstig für P sein. Solche Verhältnisse kann man Nahrung, Schutz, Sex, Liebe, Anerkennung, Macht, also auch als soziale Verhältnisse bezeichnen. Intelligenz steht bei Lebewesen im Dienst hedonischer Interessen, das ist die biologische Basis ökonomischen Verhaltens, den hedonischen Nutzen zu maximieren.[26]. Was nützlich ist, spannt ein weites Feld auf, wer satt und entlastet vom dauernden Kampf um Lebensmittel ist, denkt eventuell auch an Moral und hat Lust auf Musik, Kunst, Philosophie. Lebewesen leben mit- und gegeneinander, sie stehen in Kommunikationsverhältnissen.

Das latinisierte Wort zu *logos* ist Intelligenz und nimmt die Kernbedeutung des Lesens auf, nur dass das *inter* das Unterscheiden und Wählen des zu Lesenden hervorhebt, auf die Kunst des angemessenen Scheidens und Fügens der Elemente, die den verständlichen Text ergeben. Man muss sich z. B. die Buchstaben zurecht vorlegen, damit sie gelesen werden können.[27] Dies ist die *Syn-taxis*, das richtige Aneinanderreihen der Buchstaben, Ereignisse, Objekte, damit sie verstanden werden können. Versteht man die Welt als Text, dann ist Intelligenz die allgemeine Kunst, die Welt zu lesen. Dies setzt voraus, dass die Welt lesbar, logoform ist. Intelligenz und Welt sind Teil des Logos. Die Frage nach einer universalen Intelligenz stellt sich im Kontext des Verhältnisses von „Naturgesetzen" (Ontologie) und „Denkgesetzen" (Logik). Intelligenz ist selbst

26 Robson, 2001.
27 Heidegger, 1954.

Ausdruck von Logos, da sie über ihren angemessenen Gebrauch den Logos, die Verhältnisse der Welt, zu denen sie sich ins Verhältnis setzt, angemessen berücksichtigen muss.[28]

Superintelligenz?

Wenn Intelligenz erfolgreiches Problemlösen ist, also sich in der Interaktion mit problemartigen Anforderungen aus der Umgebung manifestiert, dann ist eine Theorie des Problems letztlich die Obertheorie zu einer Theorie der Intelligenz. Die Zuschreibung einer Fähigkeit basiert auf der funktionalen Beziehung zwischen der Schwierigkeit einer Problemaufgabe (nach den genannten Dimensionen Höhe, Breite, Geschwindigkeit) und der tatsächlich erzielten Leistung. Man vergleicht hier aber zwei theoretische Konstrukte, da man weder die Fähigkeit unabhängig von einer Aufgabe kennt noch die Aufgabenschwierigkeit unabhängig von der Fähigkeit.[29]

In der anthropozentrischen und biozentrischen Psychometrie der Intelligenz zeigt sich hier das Hauptproblem, da es nur eine relative Definition der Lösungsschwierigkeit von Problemen gibt. Die relative Schwierigkeit ist einfach die Wahrscheinlichkeit, mit der das Problem von den Testsubjekten gelöst wird. Meist fehlt Evidenz dafür, welche Lösungsoperatoren und Operationen eingesetzt wurden. Ein Maß für die absolute Problemschwierigkeit müsste die Anzahl und die Art der Lösungsschritte sein, die zur Lösung eines Problems nötig sind, unabhängig von allen Arten von möglichen Problemlösungssubjekten. Erst wenn es einen absoluten Schwierigkeitsmaßstab gibt, lassen sich unterschiedliche Intelligenzprodukte, auch die der KI, vergleichbar machen. Schwierigkeit ist weitgehend identisch mit Komplexität, häufig werden beide miteinander zirkulär definiert, aber sie sind prinzipiell unabhängig. Es bedarf aber einer allgemeinen Theorie der Komplexität und der Schwierigkeit, um eine allgemeine Theorie der Intelligenz zu formulieren, die sowohl natürliche als auch künstliche Intelligenz umfasst.[30]

Probleme sind als solche nur erkennbar und lösbar, wenn sie Regularitäten aufweisen, eine Ordnungsstruktur haben. Das Gleiche gilt für Umgebungen von Lebewesen, die Natur, die Regularitäten in Raum (Ordnung des Nebeneinander) und Zeit (Ordnung des Nacheinander), Invarianten wie Kausalrelationen und Ähnlichkeiten aufweisen müssen. Strukturen der Natur müssen

---

28 Zu Logos s. Perilli, 2013.
29 Hernández-Orallo, 2017.
30 Hernández-Orallo, 2017.

intelligibel, erkennbar sein. Wäre die Natur maximal ungeordnet, dann hätten alle Ereignisse die gleiche Auftretenswahrscheinlichkeit, es gäbe keine intelligenten Wesen, Orientierung und ordnende Aktionen wären nicht einmal vorstellbar. Intelligenz als Anpassung an die Umwelt durch Lösen von Problemen, die die Umwelt Lebewesen stellt, setzt voraus, dass die Umwelt Regularitäten, Ordnung, aufweist, an die sich ein Lebewesen anpassen kann. Allgemeine Intelligenz ist im wesentlichen Erkennen von Ordnung und die Spezialintelligenzen Analysatoren von Ordnung, aber auch Planer, Realisierer und Evaluatoren von geordnetem Verhalten, wie an der Syntax der Sprache ersichtlich. Die Gesetze der Noegenese Spearmans setzten voraus, dass die Umgebung Relationen und Relata hat, die invariant sind. Diese Regularitäten, viele sagen auch Naturgesetze, es sind aber auch Regularitäten der Logik und Mathematik zu berücksichtigen, sind der Rahmen, in denen Intelligenz überhaupt möglich ist. Regelmäßigkeiten in der Natur sind als stochastische Prozesse zu verstehen. Die Minimalbedingung für eine natürliche Regelmäßigkeit besteht darin, dass die Wahrscheinlichkeit dafür, dass ein Ereignis x zusammen mit Ereignis y auftritt, $p(x|y)$ ungleich ist der Wahrscheinlichkeit, dass x zusammen mit non-y auftritt $(p(x|y) \neq p(x|non\text{-}y))$. Damit sind zwei grundlegende Arten von Fehlern verbunden, Unordnung für Ordnung halten (Fehler erster Art) und Ordnung übersehen, für Unordnung halten (Fehler zweiter Art).[31] Das Problem wird in statistischen Entscheidungstheorien, in der schließenden Statistik behandelt.

Hofstätter nannte die Fehler auf den Menschen bezogen Dummheit erster und zweiter Ordnung.[32] Ordnung sollte dabei aber nicht auf Naturordnung, sondern auch auf normative Ordnungen bezogen werden, die oft natürliche Ordnungen als normativ nicht relevant werten, z. B. bestimmte Arten von biotischen Merkmalen von Menschen, die genetisch bedingt sind, wie Haut- und Augenfarbe. Der Grundsatz, dass alle Menschen gleich sind, abstrahiert von biotisch-physischen Merkmalen.

Regelmäßigkeiten etwas anderer Art sind logische und mathematische Probleme, die in der Theorie der Daten und Algorithmen behandelt werden (in der Informatik und der damit verbundenen Forschung zur sog. Künstlichen Intelligenz).[33] Der Begriff des Algorithmus ist eng mit Logik und Mathematik, mit Widerspruchsfreiheit, Formalisierbarkeit von Problemen als Übersetzung in eine oft numerische Symbolsprache sowie mit dem Begriff des Rechnens und

---

31 Hofstätter, 1971.
32 Hofstätter, 1971.
33 Görz et al., 2021.

der Berechenbarkeit (Computation) und der physischen Realisierbarkeit des Rechnens mit Hilfe von binären Schaltzuständen (Schaltalgebra) verbunden. Über das Messen, primitiv verstanden als Zuordnen von Zahlen zu nichtnumerischen Entitäten, wird die Messbarkeit nicht numerischer Entitäten und Regularitäten verstanden, basierend auf der Vermutung, dass natürliche Regularitäten ontologisch gesehen, logische, mathematische Regularitäten ausdrücken. Was ist die Bedingung der Möglichkeit der Anwendbarkeit von Logik und Mathematik auf die Natur?

Ontologisch wird die Welt also als Realisierung logischer, mathematischer Regularitäten interpretiert. Die Grenze dieser Interpretation zieht der Zufall, eine Folge von Ereignissen, die sich nicht als Algorithmus verkürzt darstellen, sich nicht als Programm abkürzend beschreiben lässt, sie haben maximale Beschreibungskomplexität. Komplexität ist von daher nur begrenzt berechenbar, algorithmisch darstellbar, da es sich um eine Mischung aus Regularität (Ordnung) und Zufall handelt. Universelle Intelligenz würde in der Fähigkeit bestehen, Regularität von Zufall zu trennen, den Zufall in angemessener Weise zu berücksichtigen, denn der Zufall ist eben nicht in Algorithmen fassbar. Vor diesem Hintergrund ist die Hypothese von einer weit über die menschliche Intelligenz hinausgehenden Superintelligenz sehr fragwürdig, da die Annahme von Superintelligenz zum einen eine universelle Theorie der Intelligenz, eine universelle Psychometrie, aber auch eine Theorie der Ordnung, der Regularitäten voraussetzt. Sicher ist der Zufall eine Grenze jeder Intelligenz und eine allgemeine Problemtheorie verbunden mit einer allgemeinen Berechenbarkeitstheorie und einer Theorie objektiver Aufgaben- und Problemschwierigkeit muss sich beschränken, Probleme zu identifizieren, die sich in endlicher Zeit effektiv lösen lassen. Nach der algorithmischen Informationstheorie kann man sagen, dass Wege, Operationsfolgen zur Lösung eines Problems idealerweise zur Maßeinheit *Logarithmus der Anzahl der Rechenschritte* führen, die Schritte zur Transformation eines Problems in die Zielstruktur.[34] Allerdings gibt es bis dato keine anderen Möglichkeiten, die Schwierigkeiten eines Problems, einer Aufgabe vollkommen subjektunabhängig zu definieren. Solange unser Intelligenz- und Problembegriff anthropozentrisch bleibt, ist der Schluss auf Superintelligenz eine theoretisch fragwürdige Extrapolation unseres Verständnisses von Intelligenz, kognitiven Fähigkeiten und der Struktur von Problemen. Sciene fiction hängt nun mal von unseren fiktionalen Fähigkeiten ab, das ganz Andere wie eine Superintelligenz ist für uns nicht intelligibel.

---

34 Hernández-Orallo, 2017.

Literatur

Albus, James S., Outline for a theory of intelligence. IEEE Transactions on Systems, Man, and Cybernetics, 21, 1991, 473–509.

Barbieri, Marcello, Biosemiotics: a new understanding of life. Die Naturwissenschaften, 95(7), 2008, 577–599. doi: 10.1007/s00114-008-0368-x.

Bourchard, Thomas J., Genes, evolution and intelligence. Behavior Genetics, 44, 2014, 49 – 577.

Carroll, John B., Human cognitive abilities: A survey of factor-analytic studies, Cambridge 1993.

Dean, Lewis G., Kendal, Rachel L., Schapiro, S. J., Thierry, B. & Laland, K. N. (2012): Identification of the social and cognitive processes underlying human cumulative culture. Science 2012 Mar 2, 335, 1114–1118. Doi: 10.1126/science.1213969.

Dennett, Daniel C., Why the law of effect will not go away. Journal for the Theory of Social Behaviour 5(2), 1975, 169–187.

Dennett, Daniel C., The role of language in intelligence. In: J. Khalfa (Hrsg.) What is Intelligence? The Darwin College Lectures, Cambrigde 1994, 161–178.

Dörner, Dietrich & Güss, C. Dominik, A computational architecture of cognition, motivation, and emotion. Review of General Psychology, 17, 2013, 297 – 317.

Duijn, Marc van, Keijzer, Fred, & Franken, Daan, Principles of minimal cognition: Casting cognition as senorimotor coordination. Adaptive Behavior, 14, 2006, 157–170.

Ford, Brian J., On intelligence in cells: The case for whole cell biology. Interdisciplinary Science Reviews, 34, 2009, 350–365.

Fulda, Fermín C., Natural agency: The case of bacterial cognition. Journal of the American Philosophical Association 3, 2017, 69–90.

Görz, Günther, Schmid, Ute, & Braun, Tanya (Hrsg.), Handbuch der künstlichen Intelligenz, 6. Aufl. Berlin/Boston 2021.

Gregory, Richard, Seeing intelligence. In: J. Khalifa (Hrsg.) What is Intelligence? The Darwin College Lectures, Cambrigde 1994, 13–26.

Hartfiel, Günter (Hrsg.), Das Leistungsprinzip, Opladen 1977.

Heidegger, Martin, Logos (Heraklit, Fragment 50). In: Martin Heidegger, Vorträge und Aufsätze, Pfullingen 1954, 199–221.

Hernández-Orallo, José, The measure of all minds. Evaluating natural and artificial intelligence, Cambridge 2017.

Hofstätter, Peter, Differentielle Psychologie, Stuttgart 1971.

Jung, Rex E. & Haier, Richard J., The parieto-frontal integration theory (P-FIT) of intelligence: Converging neuroimaging evidence. Behavioral and Brain Sciences 30, 2007, 135–187.

Koenigshofer, Ken A., General intelligence: Adaptation to evolutionarily familiar abstract relational invariants, not to environmental or evolutionary novelty. Journal of Mind and Behavior 38, 2017, 119–154.

Krämer, Sybille, Geistes-Technologie. Über syntaktische Maschinen und typographische Schriften. In: W. Rammert, G. Bechmann (Hrsg.), Technik und Gesellschaft, Jahrbuch 5, Frankfurt am Main/New York 1989, 38–52.

Legg, Shane & Hutter, Marcus, Universal intelligence: A definition of machine intelligence. Minds & Machines 17, 2007, 391–444.

Lyon, Pamela, The cognitive cell: bacterial behavior reconsidered. Frontiers in Microbiology 6, 2015, 264. doi: 10.3389/fmicb.2015.00264.

Mack, Wolfgang, Sprache und Symbolkompetenz. In G. Jüttemann (Hrsg.), Die Entwicklung der Psyche in der Geschichte der Menschheit, Lengerich 2013, 202–213.

Mack, Wolfgang, Intelligenz und Wissen. In H. Gruber, W. Mack & A. Ziegler (Hrsg.) Denken und Wissen. Beiträge aus Problemlösepsychologie und Wissenspsychologie, Wiesbaden 1999, 119–150.

McGrew, Kevin S., CHC theory and the human cognitive abilities project: Standing on the shoulders of the giants of psychometric intelligence research. Intelligence, 37, 2009, 1–10.

Neumann, Yair, Why do we need signs in biology? In: Emmeche, C. & Kull, K. (Hrsg.), Towards a semiotic biology. Life is the action of signs, London 2011, 195–209.

Perilli, Lorenzo (Hrsg.), Logos. Theorie und Begriffsgeschichte. Darmstadt: Wiss. Buchgesellschaft 2013.

Robson, Arthur J., The biological basis of economic behavior. Journal of Economic Literature 24, 2001, 11–33.

Rost, Detlev, Handbuch Intelligenz. Weinheim/Basel 2013.

Sharov, Alexei A., Minimal mind. Biosemiotics 8, 2013, 343 – 359.

Spearman, Charles E., The abilities of man: their nature and measurement. New York 1927.

Thorndike, Edward L., Bregman, E.O., Cobb, M. V. & Woodyard, Ella, The measurement of intelligence, New York 1927.

Werbos, Paul J., Intelligence in the brain: A theory of how it works and how to build it. Neural Networks, 22, 2009, 200–212.

Klaus Mainzer

Verantwortungsvolle Künstliche Intelligenz und menschliche Autonomie

Abstract: The chapter discusses the relationship between responsible artificial intelligence and human autonomy. It suggests, by means of a working definition, what is meant by artificial intelligence, pointing out the similarities with evolutionary human intelligence. The evolution of Artificial Intelligence is explained, proposing a broad understanding of autonomy that includes current AI systems. In the future, therefore, it will be less a matter of the epistemological question of when AI systems are capable of self-autonomy, but rather of the ethical and legal question of the degree to which we want to permit the technical development of autonomous systems.

Definition von Künstlicher Intelligenz und Autonomie

Traditionell wurde KI (Künstliche Intelligenz) als Simulation intelligenten menschlichen Denkens und Handelns aufgefasst.[1] Diese Definition krankt daran, dass „intelligentes menschliches Denken" und „Handeln" nicht definiert sind. Ferner wird der Mensch zum Maßstab von Intelligenz gemacht, obwohl die Evolution viele Organismen mit unterschiedlichen Graden von „Intelligenz" hervorgebracht hat. Zudem sind wir längst in der Technik von „intelligenten" Systemen umgeben, die zwar selbstständig und effizient, aber häufig anders als Menschen unsere Zivilisation steuern. Umso mehr stellt sich die Frage, was macht uns Menschen aus und wie ist menschliche Autonomie zu verstehen?

Einstein hat auf die Frage, was „Zeit" sei, kurz geantwortet: „Zeit ist, was eine Uhr misst". Deshalb schlagen wir eine Arbeitsdefinition für Intelligenz vor, die unabhängig vom Menschen ist und von messbaren Größen von Systemen abhängt. Dazu betrachten wir Systeme, die mehr oder weniger selbstständig (autonom) Probleme lösen können. Beispiele solcher Systeme können z.B. Organismen, Gehirne, Roboter, Automobile, Smartphones oder Accessoires sein, die wir am Körper tragen (Wearables). Systeme mit unterschiedlichem Grad von Intelligenz sind aber auch z.B. Fabrikanlagen (Industrie 4.0), Verkehrssysteme oder Energiesysteme (smart grids), die sich mehr oder weniger selbstständig

---

1 Teile des folgenden Beitrags sind in ähnlicher Form unter dem Titel „Künstliche Intelligenz – Wann übernehmen die Maschinen?" 2016 bei Springer Science and Business Media LLC erschienen.

steuern und zentrale Versorgungsprobleme lösen. Der Grad der Intelligenz solcher Systeme hängt vom Grad der Selbstständigkeit, von der Komplexität des zu lösenden Problems und der Effizienz des Problemlösungsverfahrens ab.

Es gibt danach also nicht „die" Intelligenz, sondern Grade von Intelligenz. Komplexität und Effizienz sind in der Informatik und den Ingenieurwissenschaften messbare Größen. Ein autonomes Fahrzeug hat danach einen Grad von Intelligenz, der vom Grad seiner Fähigkeit abhängt, einen angegebenen Zielort selbstständig und effizient zu erreichen. Es gibt bereits mehr oder weniger autonome Fahrzeuge. Der Grad ihrer Selbstständigkeit ist technisch genau definiert. Die Fähigkeit unserer Smartphones, sich mit uns zu unterhalten, verändert sich ebenfalls. Jedenfalls deckt unsere Arbeitsdefinition intelligenter Systeme die Forschung ab, die in Informatik und Technik unter dem Titel „Künstliche Intelligenz" bereits seit vielen Jahren erfolgreich arbeitet und intelligente Systeme entwickelt:[2]

> Ein System heißt intelligent, wenn es selbstständig und effizient komplexe Probleme lösen kann. Der Grad der Intelligenz hängt vom Grad der Selbstständigkeit (Autonomie), dem Grad der Komplexität des Problems und dem Grad der Effizienz des Problemlösungsverfahrens ab. Die Liste der genannten Kriterien ist keineswegs vollständig, sondern kann im Sinn einer Arbeitsdefinition nach Bedarf erweitert werden.

Es ist zwar richtig, dass intelligente technische Systeme, selbst wenn sie hohe Grade der selbstständigen und effizienten Problemlösung besitzen, letztlich von Menschen angestoßen wurden. Aber auch die menschliche Intelligenz ist nicht vom Himmel gefallen und hängt von Vorgaben und Einschränkungen ab. Der menschliche Organismus ist ein Produkt der Evolution, die voller molekular und neuronal kodierter Algorithmen steckt. Sie haben sich über Jahrmillionen entwickelt und sind nur mehr oder weniger effizient. Häufig spielten Zufälle mit. Dabei hat sich ein hybrides System von Fähigkeiten ergeben, das keineswegs „die" Intelligenz überhaupt repräsentiert. Einzelne Fähigkeiten des Menschen haben KI und Technik längst überholt oder anders gelöst. Man denke an Schnelligkeit der Datenverarbeitung oder Speicherkapazitäten. Dazu war keineswegs „Bewusstsein" wie bei Menschen notwendig. Organismen der Evolution wie Stabheuschrecken, Wölfe oder Menschen lösen ihre Probleme unterschiedlich. Zudem hängt Intelligenz in der Natur keineswegs von einzelnen Organismen ab. Die Schwarmintelligenz einer Tierpopulation entsteht durch das Zusammenwirken vieler Organismen ähnlich wie in den intelligenten Infrastrukturen, die uns bereits in Technik und Gesellschaft umgeben. Auch hier lassen sich Grade des autonomen Entscheidens und Handelns unterscheiden.

---

2   Mainzer, 2019, 3.

Symbolische KI: Logik und Deduktion

In einer ersten Phase orientierte sich KI an formalen (symbolischen) Kalkülen der Logik, mit denen Problemlösungen regelbasiert abgeleitet werden können. Man spricht deshalb auch von symbolischer KI. Ein typisches Beispiel ist das automatische Beweisen mit logischen Deduktionen, die sich mit Computerprogrammen realisieren lassen. Automatisierung bedeutet bis zu einem bestimmten Grad auch Autonomie, da Computerprogramme die Beweistätigkeit eines Mathematikers übernehmen. Wissensbasierte Expertensysteme sind Computerprogramme, die Wissen über ein spezielles Gebiet speichern und ansammeln, aus dem Wissen automatisch Schlussfolgerungen ziehen, um zu konkreten Problemen des Gebietes Lösungen anzubieten. Im Unterschied zum menschlichen Experten ist das Wissen eines Expertensystems aber auf eine spezialisierte Informationsbasis beschränkt ohne allgemeines und strukturelles Wissen über die Welt.[3]

Um ein Expertensystem zu bauen, muss das Wissen des Experten in Regeln gefasst werden, in eine Programmsprache übersetzt und mit einer Problemlösungsstrategie bearbeitet werden. Die Architektur eines Expertensystems besteht daher aus den folgenden Komponenten: Wissensbasis, Problemlösungskomponente (Ableitungssystem), Erklärungskomponente, Wissenserwerb, Dialogkomponente. In dieser Architektur werden zugleich die Grenzen symbolischer KI deutlich: Fähigkeiten, die nicht oder nur schwer symbolisch erfasst und regelbasiert simuliert werden können, bleiben der symbolischen KI verschlossen.

Subsymbolische KI: Statistik und Induktion

Sensorische und motorische Fähigkeiten werden nicht aus Lehrbuchwissen logisch abgeleitet, sondern aus Beispielen erlernt, trainiert und eingeübt. So lernen wir, uns motorisch zu bewegen und in einer Vielzahl sensorischer Daten Muster und Zusammenhänge zu erkennen, an denen wir unser Handeln und Entscheiden orientieren können. Da diese Fähigkeiten nicht von ihrer symbolischen Repräsentation abhängen, spricht man auch von subsymbolischer KI. An die Stelle der formalen Schlüsse der Logik tritt nun die Statistik der Daten. Beim statistischen Lernen sollen allgemeine Abhängigkeiten und Zusammenhänge aus endlich vielen Beobachtungsdaten durch Algorithmen abgeleitet werden.[4] An die

---

3 Puppe,1988; Mainzer, 1990.
4 Vapnik, 1998.

Stelle der Deduktion in der symbolischen KI tritt also in der subsymbolischen KI die Induktion. Dazu können wir uns ein naturwissenschaftliches Experiment vorstellen, bei dem in einer Serie von veränderten Bedingungen (Inputs) entsprechende Ergebnisse (Outputs) folgen. In der Medizin könnte es sich um einen Patienten handeln, der auf Medikamente in bestimmter Weise reagiert.

Dabei nehmen wir an, dass die entsprechenden Paare von Input- und Outputdaten unabhängig durch dasselbe Zufallsexperiment erzeugt werden. Statistisch sagt man deshalb, dass die endliche Folge von Beobachtungsdaten $(x_1, y_1), \ldots, (x_n, y_n)$ mit Inputs x_i und Outputs y_i $(i = 1, \ldots, n)$ durch Zufallsvariablen $(X_1, Y_1), \ldots, (X_n, Y_n)$ realisiert wird, denen eine Wahrscheinlichkeitsverteilung $P_{X,Y}$ zugrunde liegt. Algorithmen sollen nun Eigenschaften der Wahrscheinlichkeitsverteilung $P_{X,Y}$ ableiten. Ein Beispiel wäre die Erwartungswahrscheinlichkeit, mit der für einen gegebenen Input ein entsprechender Output auftritt. Es kann sich aber auch um eine Klassifikationsaufgabe handeln: Eine Datenmenge soll auf zwei Klassen aufgeteilt werden. Mit welcher Wahrscheinlichkeit gehört ein Element der Datenmenge (Input) eher zu der einen oder anderen Klasse (Output)? Wir sprechen in diesem Fall auch von binärer Mustererkennung.

Die derzeitigen Erfolge des Machine Learning scheinen die These zu bestätigen, dass es auf möglichst große Datenmengen ankommt, die mit immer stärkerer Computerpower bearbeitet werden. Die erkannten Regularitäten hängen dann aber nur von der Wahrscheinlichkeitsverteilung der statistischen Daten ab.

Statistisches Lernen versucht, ein probabilistisches Modell aus endlich vielen Daten von Ergebnissen (z.B. Zufallsexperimente) und Beobachtungen abzuleiten.
Statistisches Schließen versucht umgekehrt, Eigenschaften von beobachteten Daten aus einem angenommenen statistischen Modell abzuleiten.

In der Automatisierung statistischen Lernens nehmen neuronale Netze mit Lernalgorithmen eine Schlüsselrolle ein. Neuronale Netze sind vereinfachte Rechenmodelle nach dem Vorbild des menschlichen Gehirns, in denen Neuronen mit Synapsen verbunden sind. Die Intensität der neurochemischen Signale, die zwischen den Neuronen ausgesendet werden, sind im Modell durch Zahlengewichte repräsentiert. Probabilistische Netzwerke haben experimentell eine große Ähnlichkeit mit biologischen neuronalen Netzen. Werden Zellen entfernt oder einzelne Synapsengewichte um kleine Beträge verändert, erweisen sie sich als fehlertolerant gegenüber kleineren Störungen wie das menschliche Gehirn z.B. bei kleineren Unfallschäden. Das menschliche Gehirn arbeitet mit Schichten paralleler Signalverarbeitung. So sind z.B. zwischen einer sensorischen Inputschicht und einer motorischen Outputschicht interne

Zwischenschritte neuronaler Signalverarbeitung geschaltet, die nicht mit der Außenwelt in Verbindung stehen.

Tatsächlich lässt sich auch in technischen neuronalen Netzen die Repräsentations- und Problemlösungskapazität steigern, indem verschiedene lernfähige Schichten mit möglichst vielen Neuronen zwischengeschaltet werden. Die erste Schicht erhält das Eingabemuster. Jedes Neuron dieser Schicht hat Verbindungen zu jedem Neuron der nächsten Schicht. Die Hintereinanderschaltung setzt sich fort, bis die letzte Schicht erreicht ist und ein Aktivitätsmuster abgibt.[5]

Wir sprechen von überwachten Lernverfahren, wenn der zu lernende Prototyp (z.B. die Wiedererkennung eines Musters) bekannt ist und die jeweiligen Fehlerabweichungen daran gemessen werden können. Ein Lernalgorithmus muss die synaptischen Gewichte so lange verändern, bis ein Aktivitätsmuster in der Outputschicht herauskommt, das möglichst wenig vom Prototyp abweicht.

Ein effektives Verfahren besteht darin, für jedes Neuron der Outputschicht die Fehlerabweichung von tatsächlichem und gewünschtem Output zu berechnen und dann über die Schichten des Netzwerks zurückzuverfolgen. Wir sprechen dann von einem Backpropagation-Algorithmus. Die Absicht ist, durch genügend viele Lernschritte für ein Vorgabemuster den Fehler auf Null bzw. vernachlässigbar kleine Werte zu vermindern.

Vom statistischen zum kausalen Lernen

Statistisches Lernen und Schließen aus Daten reichen aber nicht aus. Wir müssen vielmehr die kausalen Zusammenhänge von Ursachen und Wirkungen hinter den Messdaten erkennen.[6] Diese kausalen Zusammenhänge hängen von den Gesetzen der jeweiligen Anwendungsdomäne unserer Forschungsmethoden ab, also den Gesetzen der Physik, den Gesetzen der Biochemie und des Zellwachstums im Beispiel der Krebsforschung, etc. Wäre es anders, könnten wir mit den Methoden des statistischen Lernens und Schließen bereits die Probleme dieser Welt lösen.

> Statistisches Lernen und Schließen ohne kausales Domänenwissen ist blind – bei noch so großer Datenmenge (Big Data) und Rechenpower!

Die Auseinandersetzung zwischen probabilistischem und kausalem Denken ist keineswegs neu, sondern wurde erkenntnistheoretisch bereits in der

---

5   Hornik et al., 1989.
6   Pearl, 2009.

Philosophie des 18. Jahrhunderts zwischen David Hume (1711–1776) und Immanuel Kant (1724–1804) ausgefochten. Nach Hume beruht alle Erkenntnis auf sinnlichen Eindrücken (Daten), die psychologisch „assoziiert" werden. Es gibt danach keine Kausalitätsgesetze von Ursache und Wirkung, sondern nur Assoziationen von Eindrücken (z.B. Blitz und Donner), die mit (statistischer) Häufigkeit „gewohnheitsmäßig" korreliert werden.[7] Nach Kant sind Kausalitätsgesetze als vernunftmäßig gebildete Hypothesen möglich, die experimentell überprüft werden können. Ihre Bildung beruht nicht auf psychologischen Assoziationen, sondern auf der vernunftmäßigen Kategorie der Kausalität,[8] die mithilfe der Einbildungskraft für Vorhersagen auf der Grundlage von Erfahrung operationalisiert werden kann. Nach Kant ist dieses Verfahren seit Galileo Galilei in der Physik in Gebrauch, die so erst zur Wissenschaft wurde.

Neben der Statistik der Daten bedarf es zusätzlicher Gesetzes- und Strukturannahmen der Anwendungsdomänen, die durch Experimente und Interventionen überprüft werden. Kausale Erklärungsmodelle (z.B. das Planetenmodell oder ein Tumormodell) erfüllen die Gesetzes- und Strukturannahmen einer Theorie (z.B. Newtons Gravitationstheorie oder die Gesetze der Zellbiologie):

> Beim kausalen Schließen werden Eigenschaften von Daten und Beobachtungen aus Kausalmodellen, d.h. Gesetzesannahmen von Ursachen und Wirkungen, abgeleitet. Kausales Schließen ermöglicht damit, die Wirkungen von Interventionen oder Datenveränderungen (z.B. durch Experimente) zu bestimmen.
>
> Kausales Lernen versucht umgekehrt, ein Kausalmodell aus Beobachtungen, Messdaten und Interventionen (z.B. Experimente) abzuleiten, die zusätzliche Gesetzes- und Strukturannahmen voraussetzen.

Ein hochaktuelles technisches Beispiel für die wachsende Komplexität neuronaler Netze sind selbst-lernende Fahrzeuge. So kann ein einfaches Automobil mit verschiedenen Sensoren (z.B. Nachbarschaft, Licht, Kollision) und motorischer Ausstattung bereits komplexes Verhalten durch ein sich selbst organisierendes neuronales Netzwerk erzeugen. Werden benachbarte Sensoren bei einer Kollision mit einem äußeren Gegenstand erregt, dann auch die mit den Sensoren verbundenen Neuronen eines entsprechenden neuronalen Netzes. So entsteht im neuronalen Netz ein Verschaltungsmuster, das den äußeren Gegenstand repräsentiert. Im Prinzip ist dieser Vorgang ähnlich wie bei der Wahrnehmung eines äußeren Gegenstands durch einen Organismus – nur dort sehr viel komplexer.

---

7   Hume, 1993, 95.
8   Kant, 1900ff, B 106.

Wenn wir uns nun noch vorstellen, dass dieses Automobil mit einem „Gedächtnis" (Datenbank) ausgestattet wird, mit dem es sich solche gefährlichen Kollisionen merken kann, um sie in Zukunft zu vermeiden, dann ahnt man, wie die Automobilindustrie in Zukunft unterwegs sein wird, selbst-lernende Fahrzeuge zu bauen. Sie werden sich erheblich von den herkömmlichen Fahrerassistenzsystemen mit vorprogrammiertem Verhalten unter bestimmten Bedingungen unterscheiden. Es wird sich um ein neuronales Lernen handeln, wie wir es in der Natur von höher entwickelten Organismen kennen.

Wie viele reale Unfälle sind aber erforderlich, um selbstlernende ("autonome") Fahrzeuge zu trainieren? Wer ist verantwortlich, wenn autonome Fahrzeuge in Unfälle verwickelt sind? Welche ethischen und rechtlichen Herausforderungen stellen sich? Bei komplexen Systemen wie neuronalen Netzen mit z.B. Millionen von Elementen und Milliarden von synaptischen Verbindungen erlauben zwar die Gesetze der statistischen Physik, globale Aussagen über Trend- und Konvergenzverhalten des gesamten Systems zu machen. Die Zahl der empirischen Parameter der einzelnen Elemente ist jedoch unter Umständen so groß, dass keine lokalen Ursachen ausgemacht werden können. Das neuronale Netz bleibt für uns eine „Black Box". Vom ingenieurwissenschaftlichen Standpunkt aus sprechen Autoren daher von einem „dunklen Geheimnis" im Zentrum der KI des Machine Learning: ". . .*even the engineers who designed [the machine learning-based system] may struggle to isolate the reason for any single action*".[9]

Zwei verschiedene Ansätze im Software Engineering sind denkbar:

1. Testen zeigt nur (zufällig) gefundene Fehler, aber nicht alle anderen möglichen.
2. Zur grundsätzlichen Vermeidung müsste eine formale Verifikation des neuronalen Netzes und seiner zugrundeliegenden kausalen Abläufe durchgeführt werden.

Zusammengefasst folgt: Machine Learning mit neuronalen Netzen funktioniert, aber wir können die Abläufe in den neuronalen Netzen nicht im Einzelnen verstehen und kontrollieren. Heutige Techniken des Machine Learning beruhen meistens nur auf statistischem Lernen, aber das reicht nicht für sicherheitskritische Systeme. Daher sollte Machine Learning mit Beweisassistenten und kausalem Lernen verbunden werden. Korrektes Verhalten wird dabei durch Metatheoreme in einem logischen Formalismus garantiert.[10]

---

9   Knight, 2017.
10 Mainzer, 2021.

Von der symbolischen und subsymbolischen KI zur hybriden KI

Dieses Modell selbstlernender Fahrzeuge erinnert an die Organisation des Lernens im menschlichen Organismus: Verhalten und Reaktionen laufen dort ebenfalls weitgehend unbewusst ab. „Unbewusst" heißt, dass wir uns der kausalen Abläufe des durch sensorielle und neuronale Signale gesteuerten Bewegungsapparats nicht bewusst sind. Das lässt sich mit Algorithmen des statistischen Lernens automatisieren. In kritischen Situationen reicht das aber nicht aus: Um mehr Sicherheit durch bessere Kontrolle im menschlichen Organismus zu erreichen, muss der Verstand mit kausaler Analyse und logischem Schließen eingreifen. Dieser Vorgang sollte im Machine Learning durch Algorithmen des kausalen Lernens und logischer Beweisassistenten automatisiert wird:

> Ziel ist daher eine hybride KI, in der analog zum menschlichen Organismus symbolische und subsymbolische KI verbunden werden.

Roboter als autonome Systeme

Mit zunehmender Komplexität und Automatisierung der Technik werden Roboter zu Dienstleistern der Industriegesellschaft. Die Evolution lebender Organismen inspiriert heute die Konstruktion von Robotiksystemen für unterschiedliche Zwecke.[11] Mit wachsenden Komplexitäts- und Schwierigkeitsgraden der Dienstleistungsaufgabe wird die Anwendung von KI-Technik unvermeidlich. Dabei müssen Roboter nicht wie Menschen aussehen. Genauso wie Flugzeuge nicht wie Vögel aussehen, gibt es je nach Funktion auch andere angepasste Formen. Es stellt sich also die Frage, zu welchem Zweck humanoide Roboter welche Eigenschaften und Fähigkeiten besitzen sollten.

Humanoide Roboter sollten direkt in der menschlichen Umgebung wirken können. In der menschlichen Umwelt ist die Umgebung auf menschliche Proportionen abgestimmt. Die Gestaltung reicht von der Breite der Gänge über die Höhe einer Treppenstufe bis zu Positionen von Türklinken. Für nicht menschenähnliche Roboter (z.B. auf Rädern und mit anderen Greifern statt Händen) müssten also große Investitionen für Veränderungen der Umwelt ausgeführt werden. Zudem sind alle Werkzeuge, die Mensch und Roboter gemeinsam benutzen sollten, auf menschliche Bedürfnisse abgestimmt. Nicht

---

11 Mainzer, 2020.

zu unterschätzen ist die Erfahrung, dass humanoide Formen den emotionalen Umgang mit Robotern psychologisch erleichtern.

Humanoide Roboter haben aber nicht nur zwei Beine und zwei Arme. Sie verfügen über optische und akustische Sensoren. In Bezug auf Platz und Batterielaufzeiten gibt es bisher bei den verwendbaren Prozessoren und Sensoren Einschränkungen. Miniaturisierungen von optischen und akustischen Funktionen sind ebenso erforderlich wie die Entwicklung von verteilten Mikroprozessoren zur lokalen Signalverarbeitung. Ziel der humanoiden Robotik ist es, dass sich humanoide Roboter frei in normaler Umgebung bewegen, Treppen und Hindernisse überwinden, selbständig Wege suchen, nach einem Fall beweglich bleiben, Türen selbständig betätigen und auf einem Arm stützend Arbeit erledigen können. Ein humanoider Roboter könnte dann im Prinzip so gehen wie ein Mensch.

Für die Erreichung der letzten Stufe des Zusammenlebens mit Menschen, müssen sich Roboter ein Bild vom Menschen machen können, um hinreichend sensibel zu werden. Dazu sind kognitive Fähigkeiten notwendig. Dabei lassen sich die drei Stufen des funktionalistischen, konnektionistischen und handlungsorientierten Ansatzes unterscheiden, die nun untersucht werden sollen.[12]

Die Grundannahme des Funktionalismus besteht darin, dass es in Lebewesen wie in entsprechenden Robotern eine interne kognitive Struktur gibt, die Objekte der externen Außenwelt mit ihren Eigenschaften, Relationen und Funktionen untereinander über Symbole repräsentiert.

Man spricht auch deshalb vom Funktionalismus, da die Abläufe der Außenwelt als isomorph in Funktionen eines symbolischen Modells abgebildet angenommen werden. Ähnlich wie ein geometrischer Vektor- oder Zustandsraum die Bewegungsabläufe der Physik abbildet, würden solche Modelle die Umgebung eines Roboters repräsentieren.

Der funktionalistische Ansatz geht auf die frühe kognitivistische Psychologie der 1950er Jahre von z.B. Allen Newell und Herbert Simon zurück.[13] Die Verarbeitung der Symbole in einer formalen Sprache (z.B. Computerprogramm) erfolgt wie in der symbolischen KI nach Regeln, die logische Beziehungen zwischen den Außenweltrepräsentationen herstellen, Schlüsse ermöglichen und so Wissen entstehen lassen.

Die Regelverarbeitung ist nach dem kognitivistischen Ansatz unabhängig von einem biologischen Organismus oder Roboterkörper. Danach könnten im

---

12 Pfeifer/Scheier, 2001.
13 Newell/Simon, 1972.

Prinzip alle höheren kognitiven Fähigkeiten wie Objekterkennung, Bildinter-
pretation, Problemlösung, Sprachverstehen und Bewusstsein auf Rechenpro-
zesse mit Symbolen reduziert werden. Konsequenterweise müssten dann auch
biologische Fähigkeiten wie z.b. Bewusstsein auf technische Systeme übertrag-
bar sein.

Der kognitivistisch-funktionalistische Ansatz hat sich für beschränkte
Anwendungen durchaus bewährt, stößt jedoch in Praxis und Theorie auf
grundlegende Grenzen. Ein Roboter dieser Art benötigt nämlich eine vollständige symbolische Repräsentation der Außenwelt, die ständig angepasst werden
muss, wenn die Position des Roboters sich ändert. Relationen wie ON(TABLE,-
BALL), ON(TABLE,CUP), BEHIND(CUP,BALL) etc., mit denen die Relation
eines Balls und einer Tasse auf einem Tisch relativ zu einem Roboter repräsentiert wird, ändern sich, wenn sich der Roboter um den Tisch herum bewegt.

Menschen benötigen demgegenüber keine symbolische Darstellung und
kein symbolisches Updating von sich ändernden Situationen. Sie interagieren sensorisch-körperlich mit ihrer Umwelt. Rationale Gedanken mit interner
symbolischer Repräsentation garantieren kein rationales Handeln, wie bereits
einfache Alltagssituationen zeigen. So weichen wir einem plötzlich auftreten-
den Verkehrshindernis aufgrund von blitzschnellen körperlichen Signalen und
Interaktionen aus, ohne auf symbolische Repräsentationen und logische Ablei-
tungen zurückzugreifen. Hier kommt die subsymbolische KI ins Spiel.

In der Kognitionswissenschaft unterscheiden wir daher zwischen formalem
und körperlichem Handeln.[14] Schach ist ein formales Spiel mit vollständiger
symbolischer Darstellung, präzisen Spielstellungen und formalen Operationen.
Fußball ist ein nicht-formales Spiel mit Fähigkeiten, die von körperlichen Interaktionen ohne vollständige Repräsentation von Situationen und Operationen
abhängen. Es gibt zwar auch Spielregeln. Aber Situationen sind wegen der körperlichen Aktion nie exakt identisch und daher auch nicht (im Unterschied
zum Schach) beliebig reproduzierbar.

> Der konnektionistische Ansatz betont deshalb, dass Bedeutung nicht von Symbolen
> getragen wird, sondern sich in der Wechselwirkung zwischen verschiedenen kom-
> munizierenden Einheiten eines komplexen Netzwerks (z.B. neuronales Netz) ergibt.
> Diese Herausbildung bzw. Emergenz von Bedeutungen und Handlungsmustern wird
> durch die sich selbst organisierende Dynamik von neuronalen Netzwerken möglich.[15]

---

14 Varela et al., 2000.
15 Marcus, 2001.

Sowohl der kognitivistische als auch der konnektionistische Ansatz können allerdings im Prinzip von der Umgebung der Systeme absehen und nur die symbolische Repräsentation bzw. neuronale Dynamik beschreiben.

Im handlungsorientierten Ansatz steht demgegenüber die Einbettung des Roboterkörpers in seine Umwelt im Vordergrund. Insbesondere einfache Organismen der Natur wie z.B. Bakterien legen es nahe, verhaltensgesteuerte Artefakte zu bauen, die sich an veränderte Umwelten anzupassen vermögen.

Aber auch hier wäre die Forderung einseitig, nur verhaltensbasierte Robotik zu favorisieren und symbolische Repräsentationen und Modelle der Welt auszuschließen. Richtig ist die Erkenntnis, dass kognitive Leistungen des Menschen sowohl funktionalistische, konnektionistische und verhaltensorientierte Aspekte berücksichtigen. In diesem Sinn ist der Mensch ein hybrider Organismus.

Richtig ist es daher, wie beim Menschen von einer eigenen Leiblichkeit (embodiment) der humanoide Roboter auszugehen. Danach agieren diese Maschinen mit ihrem Roboterkörper in einer physischen Umwelt und bauen dazu einen kausalen Bezug auf. Sie machen ihre je eigenen Erfahrungen mit ihrem Körper in dieser Umwelt und sollten ihre eigenen internen symbolischen Repräsentationen und Bedeutungssysteme aufbauen können.[16]

Wie können solche Roboter selbstständig sich ändernde Situationen einschätzen? Körperliche Erfahrungen des Roboters beginnen mit Wahrnehmungen über Sensordaten der Umgebung. Sie werden in einer relationalen Datenbank des Roboters als seinem Gedächtnis gespeichert. Die Relationen der Außenwelttobjekte bilden untereinander kausale Netzwerke, an denen sich der Roboter bei seinen Handlungen orientiert. Dabei werden z.B. Ereignisse, Personen, Orte, Situationen und Gebrauchsgegenstände unterschieden. Mögliche Szenarien und Situationen werden mit Sätzen einer formalen Logik repräsentiert.

Cyberphysical Systems als autonome Systeme

In der Evolution beschränkt sich intelligentes Verhalten keineswegs auf einzelne Organismen. Die Soziobiologie betrachtet Populationen als Superorganismen, die zu kollektiven Leistungen fähig sind.[17] Die entsprechenden Fähigkeiten sind häufig in den einzelnen Organismen nicht vollständig programmiert und

---

16 Mainzer, 2009.
17 Wilson, 2000.

von ihnen allein nicht realisierbar. Ein Beispiel ist die Schwarmintelligenz von Insekten, die sich in Termitenbauten und Ameisenstraßen zeigt. Auch menschliche Gesellschaften mit extrasomatischer Informationsspeicherung und Kommunikationssystemen entwickeln kollektive Intelligenz, die sich erst in ihren Institutionen zeigt.

Kollektive Muster- und Clusterbildungen lassen auch bei Populationen einfacher Roboter beobachten, ohne dass sie dazu vorher programmiert wurden. Roboterpopulationen als Dienstleister könnten konkrete Anwendung im Straßenverkehr z.B. bei fahrerlosen Transportsystemen oder Gabelstaplern finden, die sich selbständig über ihr Verhalten in bestimmten Verkehrs- und Auftragssituationen verständigen. Zunehmend werden auch unterschiedliche Roboterarten wie Fahr- und Flugroboter (z.B. bei militärischen Einsätzen oder bei der Weltraumerkundung) miteinander interagieren.[18]

Roodney A. Brooks vom MIT fordert allgemein eine verhaltensbasierte KI, die auf künstliche soziale Intelligenz in Roboterpopulationen ausgerichtet ist.[19] Soziale Interaktion und Abstimmung gemeinsamer Aktionen bei sich verändernden Situationen ist eine äußerst erfolgreiche Form von Intelligenz, die sich in der Evolution herausgebildet hat. Bereits einfache Roboter könnten ähnlich wie einfache Organismen der Evolution kollektive Leistungen erzeugen. Im Management spricht man von der sozialen Intelligenz als einem Soft Skill, der nun auch von Roboterpopulationen berücksichtigt werden sollte.

Autonome Reaktionen in unterschiedlichen Situationen ohne Eingreifen des Menschen sind eine große Herausforderung für die KI-Forschung. Entscheidungsalgorithmen lassen sich am besten im realen Straßenverkehr verbessern. Analog verbessert ein menschlicher Fahrer seine Fähigkeiten durch Fahrpraxis.

Als selbstfahrendes Kraftfahrzeug bzw. Roboterauto werden Automobile bezeichnet, die ohne menschlichen Fahrer fahren, steuern und einparken können.

Hochautomatisiertes Fahren liegt zwischen assistiertem Fahren, bei dem der Fahrer durch Fahrerassistenzsysteme unterstützt wird, und dem autonomen Fahren, bei dem das Fahrzeug selbsttätig und ohne Einwirkung des Fahrers fährt.

Beim hochautomatisierten Fahren hat das Fahrzeug nur teilweise eine eigene Intelligenz, die vorausplant und die Fahraufgabe zumindest in den meisten Situationen übernehmen könnte. Mensch und Maschine arbeiten zusammen.

Klassische Computersysteme zeichneten sich durch eine strikte Trennung von physischer und virtueller Welt aus. Steuerungssysteme der Mechatronik, die

---

18 Mataric et al., 2003.
19 Brooks, 2005.

z.B. in modernen Fahrzeugen und Flugzeugen eingebaut sind und aus einer Vielzahl von Sensoren und Aktoren bestehen, entsprechen diesem Bild nicht mehr. Diese Systeme erkennen ihre physische Umgebung, verarbeiten diese Informationen und können die physische Umwelt auch koordiniert beeinflussen. Der nächste Entwicklungsschritt der mechatronischen Systeme sind die „Cyberphysical Systems" (CPS), die sich nicht nur durch eine starke Kopplung von physischem Anwendungsmodell und dem Computer-Steuerungsmodell auszeichnen, sondern auch in die Arbeits- und Alltagsumgebung eingebettet sind (z.B. integrierte intelligente Energieversorgungssysteme).[20] Durch die vernetzte Einbettung in Systemumgebungen gehen CPS-Systeme über isolierte mechatronische Systeme hinaus.

Cyberphysical Systems (CPS) bestehen aus vielen vernetzten Komponenten, die sich selbständig untereinander für eine gemeinsame Aufgabe koordinieren. Sie sind damit mehr als die Summe der vielen unterschiedlichen smarten Kleingeräte im Ubiquitous Computing, da sie Gesamtsysteme aus vielen intelligenten Teilsystemen mit integrierenden Funktionen für bestimmte Ziele und Aufgaben (z.B. effiziente Energieversorgung) realisieren. Dadurch werden intelligente Funktionen von den einzelnen Teilsystemen auf die externe Umgebung des Gesamtsystems ausgeweitet. Wie das Internet werden CBS zu kollektiven sozialen Systemen, die aber neben den Informationsflüssen zusätzlich (wie mechatronische Systeme und Organismen) noch Energie-, Material- und Stoffwechselflüsse integrieren.

Industrie 4.0 spielt auf die vorausgehenden Phasen der Industrialisierung an. Industrie 1.0 war das Zeitalter der Dampfmaschine. Industrie 2.0 war Henry Fords Fließband. Das Fließband ist nichts anderes als eine Algorithmisierung des Arbeitsprozesses, der Schritt für Schritt nach einem festen Programm durch arbeitsteiligen Einsatz von Menschen ein Produkt realisiert. In Industrie 3.0 greifen Industrieroboter in den Produktionsprozess ein. Sie sind allerdings örtlich fixiert und arbeiten immer wieder dasselbe Programm für eine bestimmte Teilaufgabe ab. In Industrie 4.0 wird der Arbeitsprozess in das Internet der Dinge integriert. Werkstücke kommunizieren untereinander, mit Transporteinrichtungen und beteiligten Menschen, um den Arbeitsprozess flexibel zu organisieren.

20 Lee, 2008; acatech, 2011.

Vertrauen in Künstliche Intelligenz

Häufig wird KI als Bedrohung menschlicher Arbeit dargestellt. Die Corona-Krise zeigt aber auch, wie KI und Robotik einspringen könnten, wenn der Mensch ausfällt, um die Wirtschaft am Laufen zu halten, wie digitale Kommunikation und Gesundheitsversorgung unterstützt werden könnte und wie in einem Lernprozess zusammen mit menschlicher Intelligenz die Lösung z.b. in Form eines Impfstoffs gefunden werden kann. Nach Corona ist nicht ausgeschlossen, dass wir von noch gefährlicheren Pandemien heimgesucht werden. Für die Zukunft wäre daher wünschenswert, wenn mit lernender KI mögliche Veränderungen von Viren vorher simuliert werden könnten, um damit einen Toolkasten zur schnellen Zusammenstellung von Impfstoffen zu entwickeln – quasi mit auf Vorrat produzierten KI-Algorithmen.

Um Vertrauen in KI-Tools zu fördern, müssen sie wie alle technischen Werkzeuge zertifiziert sein. An solchen „DIN-Normen" arbeiten wir in einer Steuerungsgruppe für eine KI-Roadmap im Auftrag der Bundesregierung. Am Ende soll KI eine Dienstleistung für uns Menschen sein. Daher benötigen wir auch eine Stärkung der menschlichen Urteilskraft und Wertorientierung, damit uns Algorithmen und Big Data nicht aus dem Ruder laufen.

In der jüngsten Vergangenheit illustrieren dramatische Unfälle die Gefahren von Softwarefehlern und Systemversagen bei sicherheitskritischen Systemen. Programmfehler und Systemversagen können zu Katastrophen führen: In der Medizin verursachten 1985–87 massive Überdosierungen durch die Software eines Bestrahlungsgeräts teilweise den Tod von Patienten. 1996 sorgte die Explosion der Rakete Ariane 5 aufgrund eines Softwarefehlers für Aufsehen. Jüngstes Beispiel sind Softwarefehler und Systemversagen von Boing 737 max. Nun gehören Verifikationsprüfungen traditionell zum festen Bestanteil einer Programmentwicklung im Software Engineering. Nach Feststellung der Anforderungen, dem Design und der Implementation eines Computerprogramms erfolgt in der Regel seine Verifikation und schließlich für die Dauer seiner Anwendung eine vorausschauende Wartung, um vor dem Ausfall z.B. eines Maschinenteils durch Verschleiß Ersatz und Reparatur einzuleiten.

Ein Computerprogramm heißt korrekt bzw. zertifiziert, falls verifiziert werden kann, dass es einer gegebenen Spezifikation folgt. Praktisch angewendet werden Verifikationsverfahren mit unterschiedlichen Graden der Genauigkeit und damit der Verlässlichkeit.[21] Aus Zeit-, Aufwands- und Kostengründen

---

21 Tretmans/Brinksma, 2003.

begnügen sich viele Anwender allerdings nur mit Stichprobentests. Im Idealfall müsste ein Computerprogramm aber so sicher sein wie ein mathematischer Beweis. Dazu wurden Beweisprogramme („Beweisassistenten") entwickelt, mit denen ein Computerprogramm automatisch oder interaktiv mit einem Nutzer auf Korrektheit überprüft wird.

Die Idee stammt ursprünglich aus der mathematischen Beweistheorie des frühen 20. Jahrhunderts, als bedeutende Logiker und Mathematiker wie David Hilbert, Kurt Gödel und Gerhard Gentzen mathematische Theorien formalisierten, um dann z.B. die Korrektheit, Vollständigkeit oder Widerspruchsfreiheit dieser Formalismen (und damit der betreffenden mathematischen Theorien) zu beweisen. Die Formalismen sind nun Computerprogramme. Ihre Korrektheitsbeweise müssen selbst konstruktiv sein, um jeden Zweifel ihrer Sicherheit auszuschließen. Sowohl an der LMU als auch an der TU München werden Beweisassistenten untersucht.[22] Persönlich arbeite ich gerne mit dem französischen Beweisassistenten Coq, der u.a. auf den französischen Logiker und Mathematiker Thierry Coquand zurückgeht und im Namen an das französische Wappentier des Hahns erinnert.[23]

Hier zeigt sich sehr klar, wie aktuelle Fragen der Sicherheit moderner Software und KI in Grundlagenfragen der Logik und Philosophie verwurzelt sind. Derzeit beschäftige ich mich mit der Frage, wie das moderne maschinelle Lernen durch solche Beweisassistenten kontrolliert werden kann.[24] Am Ende geht es um die Herausforderung, ob und wie man KI-Programme zertifizieren kann, bevor man sie auf die Menschheit loslässt. Statistisches Lernen, wie es heute praktiziert wird, funktioniert zwar häufig in der Praxis, aber die kausalen Abläufe bleiben oft unverstanden und eine Black Box. Statistisches Testen und Probieren reicht für sicherheitskritische Systeme nicht aus. Daher plädiere ich in der Zukunft für eine Kombination von kausalem Lernen mit zertifizierten KI-Programmen durch Beweisassistenten, auch wenn das für Praktiker aufwendig und ambitioniert erscheinen mag.

Technikgestaltung und Verantwortung

KI-Programme treten mittlerweile aber nicht nur in einzelnen Robotern und Computern auf. So steuern bereits lernfähige Algorithmen die Prozesse einer vernetzten Welt mit exponentiell wachsender Rechenkapazität. Ohne sie wäre

---

22 Mainzer et al., 2018.
23 Coquand/Huet, 1988; Coupet-Grimal/Jakubiec, 1996.
24 Mainzer et al., 2021.

die Datenflut im Internet nicht zu bewältigen, die durch Milliarden von Sensoren und vernetzten Geräten erzeugt wird. Aufgrund der Sensoren kommunizieren nun also auch Dinge miteinander und nicht nur Menschen. Daher sprechen wir vom Internet der Dinge (Internet of Things: IoT).

In der Medizin und im Gesundheitssystem sind großen Klinikzentren Beispiele solcher komplexen Infrastrukturen, deren Koordination von Patienten, Ärzten, medizinischem Personal, technischen Geräten, Robotik und anderen Dienstleistern ohne IT- und KI-Unterstützung nicht mehr steuerbar wäre.

Die sicherheitskritischen Herausforderungen, die wir eben erörtert haben, werden sich in solchen Infrastrukturen noch einmal potenzieren. Darüber hinaus stellt sich aber die Frage nach der Rolle des Menschen in einer mehr oder weniger automatisierten Welt. Ich plädiere daher für Technikgestaltung, die über Technologiefolgenabschätzung hinausgeht. Die traditionelle Sicht, die Entwickler einfach werkeln zu lassen und am Ende die Folgen ihrer Ergebnisse zu bewerten, reicht aus Erfahrung nicht aus. Am Ende kann das Kind in den Brunnen gefallen sein und es ist zu spät. Nun lässt sich zwar Innovation nicht planen. Wir können aber Anreize für gewünschte Ergebnisse setzen. Ethik wäre dann nicht Innovationsbremse, sondern Anreiz zu gewünschter Innovation. Eine solche ethische, rechtliche, soziale und ökologische Roadmap der Technikgestaltung für KI-Systeme würde der Grundidee der sozialen Marktwirtschaft entsprechen, nach der ein Gestaltungsspielraum für Wettbewerb und Innovation gesetzt wird. Maßstab bleibt die Würde des einzelnen Menschen, wie sie im Grundgesetz der Verfassung als oberstes Axiom der parlamentarischen Demokratie festgelegt ist.

Diese ethische Positionierung im weltweiten Wettbewerb der KI-Technologie ist keineswegs selbstverständlich. Für die globalen IT- und KI-Konzerne des Silicon Valley geht es am Ende um ein erfolgreiches Geschäftsmodell, auch wenn sie IT-Infrastrukturen in weniger entwickelten Ländern unter von ihnen vorgegeben Geschäftsbedingungen fördern. Der andere globale Wettbewerber heißt aber China, der einen Staatsmonopolismus im Projekt der Seidenstraße strikt befolgt. Das chinesische Projekt des Social Core ist eng mit dem ehrgeizigen Ziel verbunden, die schnellsten Superrechner und leistungsfähigsten KI-Programme der Welt zu produzieren. Nur so lässt sich der Social Core mit der totalen Datenerfassung aller Bürgerinnen und Bürger und ihrer zentralen Bewertung realisieren. Die totale staatliche Kontrolle privater Daten mag westlichen Beobachter schockieren, wird aber in weiten Bevölkerungskreisen Chinas akzeptiert. Der Grund ist einerseits die größere Effizienz beim Lösen globaler Bedrohungen wie z.B. Epidemien. Dazu gehört der direkte Zugriff auf alle möglichen medizinische Daten für die medizinische Forschung. Hinzu kommt eine andere Wertetradition, die über Jahrhunderte in China eingeübt wurde: In konfuzianischen Tradition dieses Landes ist der oberste Wertmaßstab eine kollektive Harmonie und Sicherheit und nicht die Autonomie des Einzelnen mit einklagbaren Freiheitsrechten.

Die Proklamation individueller Menschenrechte wurzelt tief in der philosophischen Tradition europäischer Demokratien. Wir brauchen zwar zertifizierte KI-Algorithmen als verlässliche Dienstleistung zur Bewältigung zivilisatorischer Komplexität. Entscheidend ist daher aber auch eine Stärkung der menschlichen Urteilskraft und Wertorientierung, damit uns Algorithmen und Big Data nicht aus dem Ruder laufen. Im weltweiten Wettbewerb der KI-Systeme sollten wir unsere Lebenswelt nach unseren Wertmaßstäben selbst gestalten können.

Autonomie in Philosophie, Recht und Gesellschaft

In der Philosophie wird spätestens seit Kant Autonomie als fundamentales Alleinstellungsmerkmal des Menschen als vernunftbegabtes Wesen herausgestellt. Autonomie bedeutet danach die Fähigkeit zur Selbstgesetzgebung. Danach vermag der Mensch nicht nur Gesetzen zu folgen, sondern sie sich selbst allgemeinverbindlich zu geben, wie es im kategorischen Imperativ zum Ausdruck kommt. In der parlamentarischen Gesetzgebung wird diese Selbstautonomie politisch umgesetzt. In Gerichtsverfahren ist Autonomie eine Rechtsfigur, die freien Willen unterstellt, um Verantwortung für z.B. eine Straftat feststellen zu können.

Juristisch handelt es sich dabei um eine idealtypische Fiktion, die nicht einen naturwissenschaftlichen Beweis des „freien Willens" voraussetzt. Faktisch ist menschliches Entscheiden und Handeln von verschiedenen genetischen, physiologischen, entwicklungspsychologischen, sozialen, emotionalen etc. Einflüssen abhängig, also nie vollkommen „autonom". Daher sind auch menschliche Handlungen und Entscheidungen nach Graden der Autonomie zu bemessen. Im Recht werden allerdings nur einige dieser Faktoren wie z.B. emotionaler Affekt oder messbarer Alkoholpegel als Einschränkung der Autonomie (z.B. bei der Strafzumessung) anerkannt. Es kann nicht ausgeschlossen werden, dass in Zukunft aufgrund besserer Nachweise oder veränderter gesellschaftlicher Einschätzung auch andere Faktoren stärkere Berücksichtigung finden.

Was die KI betrifft, so sind heute bereits KI-Systeme zu begrenzter Selbstautonomie fähig, in dem sie lernen und sich auf dieser Grundlage für begrenzte Aufgaben selbst neu programmieren, also sich selbst Gesetze des Handelns geben können. Es wird daher in Zukunft nicht um die erkenntnistheoretische Frage gehen, ob KI-Systeme prinzipiell nie zur Selbstautonomie fähig wären. Man könnte einwenden, dass vollkommene Autonomie selbst für Menschen eine Fiktion ist. Vielmehr wird es um die ethische und rechtliche Frage gehen, bis zu welchem Grad wir die technische Entwicklung autonomer Systeme zulassen wollen.

Literaturverzeichnis

acatech (Hrsg.): Cyber-Physical Systems. Innovationsmotor für Mobilität, Gesundheit, Energie und Produktion. (acatech Position) Berlin 2011.

Brooks, Rodney Allen: Menschmaschinen. Wie uns die Zukunftstechnologien neu erschaffen. (Fischer, Bd. 15877) Frankfurt am Main 2005.

Coquand, Thierry; Huet, Gérard: The calculus of constructions. Information and Computation 76 (1988), 95–120.

Coupet-Grimal, Solange; Jakubiec, Line: Coq and hardware verification: A case study. In: Wright, Joakim von (Hrsg.): Theorem proving in higher order logics. 9th international conference, TPHOLs'96, Turku, Finland, August 26 – 30, 1996; proceedings. (Lecture Notes in Computer Science, Bd. 1125) Berlin 1996, 125–139.

Hornik, Kurt; Stinchcombe, Maxwell; White, Halbert: Multilayer feedforward networks are universal approximators. Neural Networks 2 (1989), 359–366.

Hume, David: Eine Untersuchung über den menschlichen Verstand. (Philosophische Bibliothek, Bd. 35) Hamburg 1993.

Kant, Immanuel: Kritik der reinen Vernunft. In: Preussische Akademie der Wissenschaften Bd. 1–22, Deutsche Akademie der Wissenschaften zu Berlin (Bd. 23), Akademie der Wissenschaften zu Göttingen (ab Bd. 24) (Hrsg.): Werke. (Akademieausgabe, III) Berlin 1900ff, B 106.

Knight, Will: The Dark Secret at the Heart of AI. MIT Technology Review (2017), 1–22.

Lee, Edward A.: Cyber-physical systems: Design challenges. http://www.eecs.berkeley.edu/Pubs/TechRpts/2008/EECS-2008-8.html, 11.07.2021.

Mainzer, Klaus: Knowledge-Based Systems: Remarks on the Philosophy of Technology and Artificial Intelligence. Journal for General Philosophy of Science / Zeitschrift Für Allgemeine Wissenschaftstheorie 21 (1990), 47–74.

Mainzer, Klaus: From embodied mind to embodied robotics: humanities and system theoretical aspects. Journal of physiology, Paris 103 (2009), 296–304.

Mainzer, Klaus: Künstliche Intelligenz – Wann übernehmen die Maschinen? (Technik im Fokus) Berlin, Heidelberg 2019.

Mainzer, Klaus: Leben als Maschine: wie entschlüsseln wir den Corona-Kode? Von der Systembiologie und Bioinformatik zu Robotik und Künstlicher Intelligenz. Leiden, Paderborn 2020.

Mainzer, Klaus: Statistisches und kausales Lernen im Machine Learning. In: Mainzer, Klaus (Hrsg.): Philosophisches Handbuch der künstlichen Intelligenz. Berlin 2021.

Mainzer, Klaus; Schuster, Peter; Schwichtenberg, Helmut (Hrsg.): Proof and computation. Digitization in mathematics, computer science, and philosophy. Singapore 2018.

Mainzer, Klaus; Schuster, Peter; Schwichtenberg, Helmut (Hrsg.): Proof and Computation. From Proof Theory and Univalent Mathematics to Program Extraction and Verification. Singapore 2021.

Marcus, Gary Fred: The algebraic mind. Integrating connectionism and cognitive science. (Learning, development, and conceptual change) Cambridge, Mass 2001.

Mataric, Maja J.; Sukhatme, Gaurav S.; Ostergaard, Esben Hallundbaek: Multirobot task allocation in uncertain environments. Autonomous Robots 14 (2003), 253–261.

Newell, Allen; Simon, Herbert Alexander: Human problem solving. Allen Newell, Herbert A[lexander] Simon. Englewood Cliffs, N.J. 1972.

Pearl, Judea: Causality. Models, reasoning, and inference. Cambridge 2009.

Pfeifer, Rolf; Scheier, Christian: Understanding intelligence. Cambridge, Mass 2001.

Puppe, Frank: Einführung in Expertensysteme. (Studienreihe Informatik) Berlin, Heidelberg 1988.

Tretmans, J.; Brinksma, E.: TorX: Automated model-based testing. In: Hartman, A.; Dussa-Zieger; K. (Hrsgg.): Proceedings of the First European Conference on Model-Driven Software Engineering 2003, 31–43.

Vapnik, Vladimir Naumovich: Statistical learning theory. (A Wiley-Interscience publication) New York 1998.

Varela, Francisco J.; Thompson, Evan; Rosch, Eleanor: The embodied mind. Cognitive science and human experience. Cambridge, Mass. 2000.

Wilson, Edward O.: Sociobiology. The new synthesis. Cambridge, Mass. 2000.

Heribert Vollmer

Woher kommt der Geist?

Abstract: Today's information technology systems have capabilities that are superior to those of humans in many areas; they exhibit intelligent behavior. But are they really intelligent – or are they just simulating? Is it even possible in principle to create artificial intelligence by building highly complex systems? Can an artificial consciousness or an artificial mind be created in this way? As it turns out, these questions are closely related to the question of how, in the course of evolutionary history, the mind could arise in the universe and how the mind arose in humans.

> *Conscience is a messenger from him, who speaks to us behind a veil, and teaches and rules us. –John Henry Newman (The supremacy of conscience, Diff II, 248)*

Die „Physical Symbol System Hypothesis"

Zentral für die Entwicklung des Gebiets der „Künstlichen Intelligenz" war die Formulierung der sog. „Physical Symbol System Hypothesis" von Allen Newell und Herbert A. Simon im Jahre 1976.[1] Ein physikalisches Symbolsystem (auch „formales System" genannt) operiert auf physikalischen Mustern („Symbolen"), kombiniert sie zu Strukturen („Ausdrücken") und manipuliert sie unter Verwendung von Prozessen, um neue Ausdrücke zu erzeugen. Beispiele bilden etwa die Algebra mit ihren Symbolen und Gleichungen und den auf ihnen definierten Äquivalenzumformungen, die formale Logik mit ihren Symbolen und Formeln, aus denen durch Deduktion neue Formeln gewonnen werden, oder die Folge der Nullen und Einsen in einen Digitalrechner, die Bits und Bytes bilden und durch die Operationen der CPU verändert werden. Newell und Simon schrieben nun: „Ein physikalisches Symbolsystem verfügt über die notwendigen und hinreichenden Mittel für allgemeines intelligentes Handeln."[2]

Man beachte, dass diese Forderung zwei bemerkenswerte Aussagen impliziert, nämlich einerseits dass menschliches Denken aus einer irgendwie gearteten Symbolmanipulation besteht (da ein Symbolsystem für Intelligenz

---

1 Newell/Simon, 1976.
2 Newell/Simon 1976, 116. (Die Übersetzung dieses und aller weiteren fremdsprachigen Zitate dieses Beitrags wurden vom Autor selbst vorgenommen.)

notwendig ist) und andererseits dass Maschinen intelligent sein können (da sie auf Symbolsystemen beruhen, die für Intelligenz *hinreichend* sind). Die „Physical Symbol System Hypothesis" verdankt ihre Entstehung Entwicklungen der zeitgenössischen Philosophie, vor allem aus der analytischen Philosophie des amerikanischen Raums – zu nennen ist hier insbesondere vielleicht Hilary Putnam[3], der Begründer der sog. „Computational Theory of Mind", aber sie hat auch wesentlich weiter zurückgehende Wurzeln, von denen ich hier besonders Gottfried Wilhelm Leibniz herausstellen möchte.

Das Neue, was an Leibniz' Werken so bewundert wird, ist seine Gestalt einer mathematisierten und algorithmischen Logik. Leibniz strebte einerseits nach der Entwicklung einer *Characteristica universalis*, einer künstlichen Sprache des Denkens als Ersatz der natürlichen Sprache mit wenigen fundamentalen (atomaren) Zeichen, dem „alphabet of human thought"[4], in der Gedachtes und Zeichen einander so entsprechen, dass wenn ein Gedachtes in Bestandteile zerlegt werden kann, die Bilder dieser Bestandteile selbst Bestandteile der Abbildung des Gedachten sind (man könnte von einer *homomorphen* Repräsentation sprechen). Die Regeln des (logischen) Schließens sollen sodann in Rechenregeln eines Kalküls formuliert werden, der auf Zeichenfolgen der Characteristica universalis arbeitet. Dieser Kalkül heißt bei Leibniz *Calculus ratiocinator*. Leibniz schreibt in einem Brief aus dem Juli 1687 an Ph. J. Spener:

> „Alle menschlichen Schlussfolgerungen sollten auf irgendeinen zeichenbasierten Kalkül wie in der Algebra, Kombinatorik oder Zahlentheorie zurückgeführt werden, wodurch nicht nur zweifellos die menschliche Erfindungsgabe gefördert werden könnte, sondern auch viele Streitigkeiten gelöst werden könnten, das Sichere vom Unsicheren unterschieden und selbst die Grade der Wahrscheinlichkeiten abgeschätzt werden könnten, insofern die im Disput Streitenden zueinander sagen könnten: Calculemus–lasst uns doch nachrechnen!"[5]

Das ist doch genau der Traum der K.I.! Aber Leibniz hat eine differenziertere Einstellung, wie wir sehen werden. Die Characteristica universalis ist für einzelne Gebiete verwirklicht; vor allem in den mathematischen Wissenschaften findet sie sich in den heutigen Sprachen der mathematischen Logik (die Forderung der Homomorphie spiegelt sich unter anderem in der kompositionalen Semantik nach Tarski wieder); und der Calculus ratiocinator wird – wenn auch auf eingeschränkte Weise – durch die gängigen Logikkalküle realisiert.

---

3 Putnam, 1967.
4 Lewis, 1918, 7.
5 Leibniz, 2009, Nr. 48, 213, Z. 19–22.

Bemerkenswerterweise hatten Leibniz' Gedanken für mehr als zwei Jahrhunderte wenig oder keinen Einfluss auf die Entwicklung der Logik. Erst im späten 19. und 20. Jahrhundert beruft man sich wieder direkt auf Leibniz. Zu erwähnen sind hier die Entwicklung der Modallogik unter Lewis und insbesondere Gottlob Frege, der sich bei der Entwicklung seiner „Begriffsschrift" von 1879 explizit auf Leibniz beruft und von einer „Verwirklichung des Leibnizischen Gedankens" spricht[6]. Dies war zumindest in einem Teilgebiet so erfolgreich, dass David Hilbert auf dem Mathematiker-Kongress 1900 in Paris die Auffassung formulierte, dass jedes echte mathematische Problem lösbar sein müsse. Die Arbeiten von Alan Turing und Kurt Gödel aus den 1930er Jahren zeigten allerdings die Unmöglichkeit des Hilbert'schen Programms und damit letztendlich auch, dass ein Calculus rationicator in seiner Allgemeinheit nicht existieren kann. Die Characteristica universalis hingegen bildet die Grundlage der gängigen Wissensrepräsentationsformalismen der K.I. Der bekannt Forscher Hector Levesque führt die „Knowledge Representation Hypothesis", dass nämlich das Denken als mechanische Operationen auf symbolischen Repräsentierungen verstanden werden kann, auf Leibniz zurück.[7] Leibniz selbst hält Maschinen, die intelligentes Verhalten zeigen, für möglich, spricht aber bereits 1714 in §17 seiner „Monadologie" in einem interessanten Gedankenexperiment, dem Mühlengleichnis, jeder mechanischen Apparatur, heute würde man sagen: jeder Rechenmaschine oder jedem Computer, Perzeption oder Bewusstsein ab:

> „Wenn wir so tun, als ob es eine Maschine gäbe, deren Struktur sie befähigte zu denken, zu fühlen, Wahrnehmung zu besitzen, dann könnten wir sie uns auch vergrößert aber die gleichen Proportionen behaltend vorstellen, sodass man in sie eintreten könnte wie in eine Windmühle. Wenn wir dies annehmen, wird man bei der Besichtigung ihres Inneren nichts finden als Teile, die sich gegenseitig antreiben, aber niemals etwas, das Wahrnehmung erklärt. Also ist es in der einfachen Substanz und nicht in der Verbindung oder in der Maschine, wo wir sie [die Perzeption/das Bewusstsein] suchen müssen."[8]

Letztendlich lehnt Leibniz damit jede materialistische Erklärung von Bewusstsein ab und nimmt eine Position ein, die heutzutage als die der „schwachen K.I." bekannt geworden ist. „Starke K.I." bezeichnet die These, dass entsprechend programmierte Computer oder Roboter Intelligenz, Wahrnehmung und

---

6   Frege, 1879, VI.
7   Levesque, 1986, 257.
8   Rescher, 1991.

Bewusstsein besitzen können; hingegen sagt die These der „schwachen K.I."
aus, dass jedwede Maschinen Intelligenz und anderes menschliches Verhalten
bestenfalls simulieren können, ohne wirkliches Verständnis oder gar Bewusstsein zu zeigen. Diese Unterscheidung geht auf John R. Searle zurück. In einem
Interview mit der Wochenzeitung „Die Zeit" sagte er:

> „Bei Künstlicher Intelligenz, wie sie sich gegenwärtig darstellt, geht es nur um die
> Entwicklung von Computerprogrammen. Und diese werden nun einmal ganz und
> gar durch die Manipulation von Symbolen definiert. Nullen und Einsen anzuhäufen
> schafft aber noch kein Bewusstsein."[9]

Der Philosoph Markus Gabriel formuliert einen weiteren Einwand gegen die
starke K.I., bei dem ein sprachwissenschaftliches Argument verwendet, wird
das auf Aristoteles und Leibniz zurückgeht: Die Bedeutung sprachlicher
Begriffe wird im Alltag durch Verwendung einfacherer Begriffe erklärt, die
ihrerseits durch noch einfachere Begriffe bestimmt werden, usw. So gelangen
wir schlussendlich zu semantischen Atomen, deren Bedeutung nicht weiter
erklärt werden kann – sonst wären sie keine Atome. Deren Bedeutung wird
von Menschen mit einem Denksinn erfasst, für den schon die alten Griechen
die Bezeichnung Geist oder Intelligenz (gr. *Nous*) verwendeten:

> „Es gibt einfache Bedeutungsbestandteile, die nicht weiter zerlegbar sind, sogenannte
> semantische Atome. Gäbe es diese nicht, könnten wir ja mit der Definition an kein
> eindeutig markiertes Ende kommen. Deswegen nehmen Platon und Aristoteles an,
> dass wir die einfachen Begriffe mit einem Denksinn erfassen können. Diesen bestim-
> men sie als Geist/Intelligenz."[10]

Heute würde man in einer weniger metaphysischen Terminologie von
soziokulturell-biologischem Hintergrund oder einfach *Weltwissen* sprechen.
Maschinen haben diesen Denksinn nicht. Gabriel schreibt weiter:

> „Menschen verstehen sprachliche Äußerungen stets in einem Kontext, den sie nicht
> selber sprachlich analysieren können und müssen, um zu begreifen, worum es geht.
> Das kann eine K.I. nicht selber leisten, sondern immer nur aus Daten erschließen,
> die bereits von Menschen vorverarbeitet wurden. Wie sollte auch eine Datenverarbei-
> tung, die keinerlei Überlebensinteresse oder überhaupt Interesse an unserer mensch-
> lichen Lebensform hat, ihre Umgebung so wahrnehmen wie wir?"[11]

---

9   Brinck, Zeit Online, 20.09.2001, https://www.zeit.de/2001/39/200139_p-searle_
    intervi.xml, abgerufen am 06.04.2021.
10 Gabriel, 2018, 159.
11 Gabriel, 2018, 160.

Der Denksinn ist also an gewisse biologische Voraussetzungen gebunden („nur Lebewesen denken") und wird Maschinen generell abgesprochen. Auch für Wolfgang Wahlster, Forscher am Deutschen Forschungszentrum für KI in Saarbrücken, sind das Bewusstsein eines Körpers und Alltagswissen entscheidend. In der „Zeit" sagt er, dass „die KI-Systeme heute ohne die menschliche Alltagsintelligenz nur sehr spezielle Aufgaben übernehmen können"[12]. Daher hält er es für eine unbegründete Furcht, dass sich die Maschinen irgendwann selbstständig machen und sich eigene Ziele setzen. Wir haben es hier mit einem zentralen Problem der K.I. zu tun: Wie bekommt man „Denksinn" oder „Weltwissen" und „Alltagsintelligenz" in die Systeme? Diese und andere Probleme haben dazu geführt, dass inzwischen viele Forscher das Paradigma der „Physical Symbol System Hypothesis" ablehnen. So schreibt Nils Nilsson:

> „Vieles, das nach intelligentem Verhalten aussieht, ist in Wahrheit «Geist-los» («mindless»). Insekten (insbesondere Insektenkolonien) und sogar Pflanzen kommen in komplexen Umgebungen recht gut zurecht. Ihre Anpassungsfähigkeit und ihre wirksamen Reaktionen in herausfordernden Situationen zeigen eine Art Intelligenz, obwohl sie keine Symbole manipulieren."[13]

Stattdessen etablierte sich das Paradigma des „Konnektionismus", eines kognitionswissenschaftlichen Ansatzes, der mentale Phänomene mithilfe sog. „(künstlicher) neuronaler Netze" erklären will und von vielen als Alternative zu klassischen Theorien des Geistes angesehen wird, die auf symbolischen Berechnungen beruhen.

Konnektionismus

Bei zahlreichen der heutigen KI-Systeme handelt es sich um sog. „künstliche neuronale Netze". Das sind Computerprogramme, die in sehr grober Anlehnung an unser Gehirn konzipiert sind und versuchen, seine Funktionsweise nachzubilden. Sie bestehen aus miteinander verbundenen künstlichen Neuronen. Die Verbindungen haben variable numerische Gewichtungen, die während des Trainingsprozesses angepasst werden, sodass ein korrekt trainiertes Netzwerk bei einem zu erkennenden Muster richtig reagiert. Sie lernen also aus Daten, und es entstehen manchmal neuartige Ergebnisse, die der Mensch nicht vorhergesehen hat. Oft werden die Neuronen durch Software simuliert, in heutigen Anwendungen bis zu einer Milliarde solcher Zellen. Die Herausforderung

---

12 Brost/Hamann, Die Zeit Nr. 31, 26.07.2018, 26.
13 Nilsson, 2007.

besteht nun darin, ein Verfahren zu finden, das die Organisation der Nervenzellen untereinander möglichst ähnlich wie im menschlichen Hirn gestaltet.
Diese Verfahren sind unter der Bezeichnung „Lernalgorithmen" bekannt.

Elemente künstlicher neuronaler Netze sind die folgenden:

- *Neuronen*, die das Konzept biologischer Neuronen beibehalten, die Eingaben empfangen, die Eingabe mit ihrem internen Zustand (Aktivierung) und
  einem optionalen Schwellenwert unter Verwendung einer Aktivierungsfunktion kombinieren und eine Ausgabe unter Verwendung einer Ausgabefunktion erzeugen. Die ersten Eingaben sind externe Daten wie Bilder und
  Dokumente. Die endgültigen Ausgaben dienen z. B. dem Erkennen eines
  Objekts in einem Bild.
- *Verbindungen und Gewichte*, wobei eine Verbindung die Ausgabe eines Neurons als Eingabe für ein anderes Neuron liefert. Jeder Verbindung wird ein
  Gewicht zugewiesen, das ihre relative Bedeutung darstellt.
- Die *Ausbreitungsfunktion* berechnet die Eingabe in ein Neuron aus den
  Ausgaben seiner Vorgängerneuronen und ihren Verbindungen als gewichtete Summe.
- Die *Organisation der Neuronen* geschieht typischerweise in einer größeren
  Zahl von *Schichten (Layers)*, insbesondere beim Deep Learning. Neuronen
  einer Schicht verbinden sich im Allgemeinen nur mit Neuronen der unmittelbar vorhergehenden und unmittelbar folgenden Schichten. Die Schicht,
  die externe Daten empfängt, ist die *Eingabeebene*. Die Ebene, die das endgültige Ergebnis liefert, ist die *Ausgabeebene*. Dazwischen befinden sich eine
  oder mehrere versteckte Schichten/Ebenen. Zwischen zwei Schichten sind
  verschiedene Verbindungsmuster möglich. Sie können vollständig verbunden werden, wobei jedes Neuron in einer Schicht mit jedem Neuron in der
  nächsten Schicht verbunden ist. Sie können sich zusammenschließen, wobei
  eine Gruppe von Neuronen in einer Schicht mit einem einzelnen Neuron
  in der nächsten Schicht verbunden ist. In sog. Feed-Forward-Netzwerken
  verlaufen die Verbindungen von den Eingängen von Schicht zu Schicht zu
  den Ausgängen. Alternativ werden Netzwerke, die Verbindungen zwischen
  Neuronen in derselben oder früheren Schichten ermöglichen, als wiederkehrende Netzwerke („recurring networks") bezeichnet.
- Beim *Lernen* müssen die Gewichte und Schwellenwerte des Netzwerks angepasst werden, um die Korrektheit des Ergebnisses zu verbessern. Dies erfolgt
  durch Minimierung der beobachteten Fehler. Das Lernen ist abgeschlossen,
  wenn durch weitere Eingaben (zusätzliche Beobachtungen) die Werte keine
  großen Änderungen mehr erfahren.

Große Erfolge erzielen neuronale Netze in den Bereichen der Bild- oder Gesichtserkennung, Aktienkursvorhersage, Prognosen im Finanzsektor oder der Meteorologie, autonomen Steuerung von Fahrzeugen, Diagnose von Krankheiten, etc. – allesamt Bereiche, bei denen es darum geht, in einer riesigen Datenmenge Regelmäßigkeiten oder Muster zu entdecken. Man spricht daher auch von „Mustererkennung" oder von „maschinellem Lernen", weil die Programme „lernen", Gesichter zu unterscheiden, Hindernisse auf der Fahrbahn zu erkennen, Krankheiten an Hand von Symptomen zu bestimmen, etc. Hier sind Computer dem Menschen überlegen. Aber ist es wirklich das, was Intelligenz ausmacht? Im Konnektionismus wird demnach nicht versucht, das Phänomen Intelligenz oder Geist zu verstehen, wie in der „Computational Theory of Mind", sondern es wird versucht, Intelligenz zu schaffen, indem wie beim Menschen in riesiger Zahl kleine Teilchen „irgendwie" zusammengeschaltet werden, ohne dass wir letztendlich die Funktionsweise des Gesamtsystems verstehen, ja vielleicht ohne dass wir sie prinzipiell verstehen können. In wissensbasierten symbolverarbeitenden Systemen wird hingegen das Problemlösungswissen des Menschen genutzt und in formale Modelle und Regeln übersetzt. In diesem Bereich der KI herrscht ein strukturiertes Vorgehen vor, orientiert am Problemlösungswissen des Menschen, und es wird versucht, wirkliches Verständnis wenigstens in eng umrissenen Anwendungsfeldern zu erreichen. Eine Antwort eines wissensbasierten Systems kann prinzipiell auf Grund der Architektur des Systems und der verwendeten Regeln nachvollzogen und erklärt werden; eine Antwort eines neuronalen Netzes hingegen ist, u.a. wegen der Komplexität des Systems, zumindest nach heutigem Stand nicht immer nachvollziehbar und erklärbar–eine diesen Systemen im Einsatz oft entgegengebrachte Kritik. Zeigen also künstliche neuronale Netze intelligentes Verhalten? Und falls ja, wie entsteht es?

Pierre Teilhard de Chardins verallgemeinerte Physik

Der französische Geologe, Paläontologe, Philosoph und Theologe Pater Marie-Joseph Pierre Teilhard de Chardin SJ entwickelte in der ersten Hälfte des zwanzigsten Jahrhunderts eine Naturphilosophie, die christliche Auffassungen mit einer evolutiven Weltsicht zu vereinbaren suchte. Nicht unerwähnt lassen möchte ich, dass, obwohl die Anerkennung seiner Arbeiten durch die katholische Kirche lange auf sich warten ließ, Joseph Ratzinger bereits 1968 in seiner *Einführung in das Christentum* Teilhard würdigte, indem er bemerkte, dass die Worte des hl. Paulus („Ihr aber seid der Leib Christi und jeder Einzelne ist ein Glied an ihm" 1Kor 12,27) vom Sein der Menschheit als „Leib Christi", der die ganze Menschheit „an sich ziehen muss" („Und ich, wenn ich über die Erde erhöht bin, werde alle zu mir ziehen." Joh 12,32), heute weithin unverständlich bleiben, und fährt dann fort:

> „Es muss als ein bedeutendes Verdienst von Teilhard de Chardin gewertet werden, dass er diese Zusammenhänge vom heutigen Weltbild her neu gedacht und trotz einer nicht ganz unbedenklichen Tendenz aufs Biologistische hin sie im Ganzen doch wohl richtig begriffen und auf jeden Fall neu zugänglich gemacht hat."[14]

Der Begriff „Evolution" drückt nach Teilhard die Dynamik der Schöpfung in Zeit und Raum aus. Wir Geschöpfe sind nicht in einen fertigen Kosmos gestellt, sondern in einen Prozess, eine „Kosmogenese", hineingerissen. In Teilhards Schriften findet sich die Skizzierung einer allgemeinen Theorie der Evolution, für die er die Bezeichnungen „Mega-Synthese" oder „verallgemeinerte Physik" verwendet. Damit ist gemeint, dass die Naturgeschichte dieselben Phänomene und Gesetze auf der physikalisch-atomaren Ebene, auf der biologisch-organischen Ebene und auf der psychisch-sozialen Ebene zeigt. Ausgangspunkt ist die Beobachtung, dass unter dem allgemeinen freien Spiel der zufälligen Kräfte die Materie die Tendenz zur Zusammenballung zeigt. In der Bildung des Kosmos erkennt man eine Anhäufung von Zentren, die durch Verbindung kompliziertere Zentren einer höheren Ordnung aufbauen. Das Universum gewinnt durch „Korpuskulisation" eine höhere *Komplexität*. Dies beginnt im atomaren Bereich mit der Zusammenballung von Atomen zu Molekülen, im biologischen Bereich mit der Bildung von Zellen und Organismen, und setzt sich in höheren Bereichen fort: Millionen von Mikroorganismen agieren wie ein Organismus. Schon in seinem sehr frühen Aufsatz „La Vie cosmique" von 1916 schreibt Teilhard:

> „Die Analyse der Materie führt uns dazu, sie als eine ungeheure Anhäufung von Zentren anzusehen, die sich gegenseitig abfangen und beherrschen, bis aus ihren Verbindungen immer kompliziertere Zentren höherer Ordnung erstehen."[15]

Korpuskel bilden durch Zusammenballung Zentren, die ihrerseits als Korpuskel in einer höheren Synthese dienen, usw. Für dieses Phänomen verwendet Teilhard die Bezeichnung *Rekursionsgesetz von Bewusstsein und Komplexität*. Dies trifft auch auf Menschenmassen zu, die psychisch wie eine Person handeln. Teilhard schildert in seiner Autobiographie „Le Cœur de la Matière" eindrücklich seine Erfahrungen in den Schützengräben des ersten Weltkriegs,

---

14 Ratzinger, 1968, 191f.
15 Teilhard, 1968, 16.

die ihn zu dieser Auffassung brachten: „die ,Million Menschen' mit ihrer psy-
chischen Temperatur und ihrer inneren Energie wurde für mich eine ebenso
evolutiv reale und daher auch biologische Größe wie ein gigantisches Protein-
Molekül"[16].

Auch das Bewusstsein entsteht eben durch diese Korpuskulisation. Sobald
ein Teilchen eine innere Struktur, eine „Innenseite" besitzt, spricht Teilhard
von Bewusstsein. Es herrscht ein Wirbel vergleichbar der Gravitation, der die
Materie zu immer größeren, differenzierteren und organisierteren Korpuskeln anordnet, und aus dem durch Verinnerlichung in den hervorgebrachten
Korpuskeln das Bewusstsein wie eine psychische Temperatur entsteht: „[Ein]
unwiderstehlicher ,Strudel' […] lässt als Resultat durch einen Vorgang der
Verinnerlichung das Bewusstsein (die psychische Temperatur) im Herzen der
sukzessiv gezeugten Korpuskel ansteigen."[17] Teilhard verwendete in diesem
Zusammenhang die Bezeichnung *Einrollung*. Es herrscht ein unwiderstehlicher
kosmischer Drang zu zunehmender Komplexität. Bewusstsein und Komplexität bilden eine Hauptachse der Evolution, die eine bevorzugte Richtung vorgeben, also zu einer gelenkten Kosmogenese führen. „Kosmogenese […] würde
endlich durch die Hauptachse von Komplexität-Bewusstsein (oder der ,Kor-
puskulisation') definiert."[18] Die Evolution gewinnt einen Sinn. Teilhard bringt
das auf die kurze Formel: Evolution = „Aufstieg des Bewusstseins"[19] und formuliert als Mega-Synthese: „Geistige Vervollkommnung oder bewusste ,Zen-
triertheit' und stoffliche Synthese (oder Komplexität) sind nur die beiden Seiten
oder die zusammenhängenden Teile ein und derselben Erscheinung."[20]

Auch schon korpuskularen Einheiten vor der Entstehung des Lebens besitzen also Bewusstsein, nämlich wenn sie eine innere Struktur aufweisen. Mit
dem Erreichen einer kritischen Schwelle der Konzentration, der Reflexion,
des Ich-Bewusstseins, beginnt schließlich mit der Entstehung des Menschen
eine neue Art von Leben. Teilhard erklärt Reflexion als Zusammenfaltung des
Bewusstseins auf einen Punkt:

> „Das Ichbewusstsein [ist …] die von einem Bewusstsein erworbene Fähigkeit, sich
> auf sich selbst zurückzuziehen und von sich selbst Besitz zu nehmen, wie von einem
> Objekt, das eigenen Bestand und Wert hat: nicht mehr nur zu kennen, sondern sich
> kennen; nicht mehr nur zu wissen, sondern wissen, dass man weiß. Durch diese

---

16 Teilhard, 1990, 49.
17 Teilhard, 1990, 52f.
18 Teilhard, 1967, 148.
19 Teilhard, 1959, 36.
20 Teilhard, 1959, 235.

Individualisierung seiner selbst auf dem Grund von sich selbst findet sich das lebende Element, das sich bisher in einem weitläufigen Kreis von Wahrnehmungen und Tätigkeiten zerstreute und verteilte, zum ersten Mal als punktförmiges Zentrum, in dem sich alle Vorstellungen und Erfahrungen verknoten und in einer bewussten Gesamtorganisation festigen."[21]

Der Mensch entdeckt, dass „er nichts anderes ist als die zum Bewusstsein ihrer selbst gelangte Evolution"[22]. Er ist nicht mehr die räumliche Mitte des Universums, sondern er steht auf dem höchsten Punkt, an der Spitze der Evolution. Er lenkt die Evolution und seine eigene Entwicklung. Teilhard schreibt:

„Der Mensch, nicht Mittelpunkt des Universums, wie wir naiv geglaubt hatten, sondern, was viel schöner ist, der Mensch, die oberste Spitze der großen biologischen Synthese. So bildet der Mensch, der Mensch allein, die letztentstandene, die jüngste, die zusammengesetzteste, die farbenreichste der einander folgenden Schichten des Lebens."[23]

Schließlich ist aber auch der Mensch nur ein Element oder Teilchen, bezogen auf eine höhere Synthese. Die Korpuskulisation führt zu einer Konvergenz der Menschheit auf sich selbst. Eine neuartige Schicht von Bewusstsein überzieht die Erde, so wie eine Schicht von Moos einen feuchten Stein überzieht (ganz im Sinne der Mega-Synthese). Auf der Erde entsteht oberhalb der Biosphäre eine neue, eine geistige Schicht, die Noosphäre: „Augenblicklich bemerken wir, dass die Erde *dabei ist*, zu ihrer [...] Biosphäre durch uns eine weitere Hülle zu ihren anderen Schichten *hinzuzufügen* – die letzte und die bemerkenswerteste von allen: die denkende Zone, die ‚Noosphäre'."[24]

„Ein harmonisches Bewusstseinskollektiv, das einer Art Überbewusstsein gleichkommt. Die Erde bedeckt sich nicht nur mit Myriaden von Denkteilchen, sondern umhüllt sich it einer einzigen denkenden Hülle und bildet funktionsmäßig ein einziges umfassendes Denkatom von siderischem Ausmaß. Die Vielheit individueller Reflexionen, die sich im Akt eines einzigen, gleichgestimmten Bewusstseins sammeln und verstärken. "[25]

Erneut entdecken wir eine Richtung der Evolution. Sie konvergiert nach oben, in Richtung auf eine persönliche transzendente Einheit. Es entsteht eine Super-Menschheit, in der die Menschen die Korpuskel darstellen und einer Synthese

---

21 Teilhard, 1959, 151.
22 Teilhard, 1959, 211.
23 Teilhard, 1959, 215.
24 Teilhard, 1970, 132.
25 Teilhard, 1959, 244.

unterworfen sind: „Die Korpuskelbildung [...] macht es sich numehr zur Aufgabe, diese einzelnen Denksubjekte zu gruppieren und zu einem Ganzen zusammenzufassen. Nach dem Menschen die Menschheit."[26] Obwohl das über den Fokus dieses Beitrags hinausgeht, sollte erwähnt werden, dass Teilhard aus dem Streben nach Synthese und der Bildung immer komplexerer bewussterer Korpuskeln einen Gipfel der Evolution vorhersagt, eine in sich selbst zusammengeschlossene Menschheit, einen Gipfel an Komplexität und Personalisation, in dem das Universum psychisch konvergent ist, den *Punkt Omega* – eine These, die auch unter Naturwissenschaftlern, die dem Gesetz von Bewusstsein und Komplexität zustimmen, viel Widerspruch herausgefordert hat:

> „Wir haben uns zur Erkenntnis gemacht, dass die Evolution ein Aufstieg zum Bewusstsein ist. [...] Die Evolution muss am Ende in irgendeinem höchsten Bewusstsein gipfeln. [...] Es kann einzig und allein eine Super-Reflexion, d.h. eine Super-Personalisation sein, wohin eine Extrapolation des Denkens zu führen vermag. [...] Weil die Raum-Zeit das Bewusstsein enthält und hervorbringt, ist sie notwendigerweise konvergenter Natur. Daher müssen sich ihre Schichten, so unendlich sie sich auch ausbreiten, wenn wir ihnen in der entsprechenden Richtung nachgehen, irgendwo auch wieder zusammenfalten, in einem Punkt vor uns – nennen wir ihn Omega. [...] Das Universell-Zukünftige kann nur ein Überpersönliches sein – im Punkt Omega."[27]

Weil die Entwicklung der Welt nicht auf zwei verschiedene Gipfel hinauslaufen kann, ist für den Christen Teilhard de Chardin offensichtlich, dass der Punkt Omega identisch ist mit dem Punkt der Parusie. Joseph Ratzinger erklärt das mit folgenden Worten:

> „Vom Epheser- und Kolosserbrief her betrachtet Teilhard Christus als jene zur Noosphäre vorwärtstreibende Energie, die schließlich alles in ihrer «Fülle» einbegreift. Von da aus vermochte Teilhard den christlichen Kult auf seine Weise neu zu deuten: Die verwandelte Hostie ist für ihn die Antizipation der Verwandlung der Materie und ihrer Vergöttlichung in der christologischen «Fülle». Die Eucharistie gibt für ihn sozusagen die Richtung der kosmischen Bewegung an; sie nimmt ihr Ziel voraus und treibt sie damit zugleich an."[28]

Die Entwicklung der Evolution in Richtung auf höhere Komplexität und höheres Bewusstsein durch Korpuskulasisation, fortgesetzte Bildung größerer Zentren aus kleineren Einheiten, findet sich wenn auch noch auf primitiver Ebene wieder in der Konstruktion künstlicher neuronaler Netze. Warum sollten also

---

26 Teilhard, 1961, 109.
27 Teilhard, 1959, 252f.
28 Ratzinger, 2000, 24.

nicht sehr große Netze mit vielleicht 100 Milliarden Zellen (die vermutete Größe des menschlichen Gehirns) sich in einer Weise organisieren können, die wir nicht verstehen und vielleicht prinzipiell nicht verstehen können, die aber zu intelligentem Verhalten und künstlichem Bewusstsein führt? In kleinerem Maßstab wird dieses Phänomen heutzutage mit „Schwarmintelligenz" bezeichnet. Ist diese Entwicklung nicht ganz im Sinne der Mega-Synthese unaufhaltbar? Wie steht Teilhard de Chardin zu der Frage nach der Möglichkeit der künstlichen Schaffung von Intelligenz und Bewusstsein? Vielleicht überraschenderweise gibt er eine negative Antwort, die aber letztendlich eine Antwort aus dem Glauben bleibt. Für Teilhard gibt es in der Evolutionsgeschichte gewisse außerordentliche Ereignisse, die einmalig und unumkehrbar sind, wie er in seinem philosophischen Hauptwerk „Der Mensch im Kosmos" begründet. Dazu gehört die Entstehung des Lebens, die Bildung von Zellen aus unorganischen Makromolekülen, die heute nirgends auf der Welt mehr beobachtet werden kann, und auch bislang nicht künstlich simuliert werden konnte. Für einen zweiten derartigen Quantensprung an Komplexität hält er die Entstehung des Selbstbewusstseins im Menschen, ein kosmisch einmaliger Vorgang, der nirgendwo sonst im Universum beobachtet werden kann, unumkehrbar und nicht wiederholbar ist.

> „Einmal und nur einmal im Lauf ihrer planetarischen Existenz konnte sich die Erde mit Leben umhüllen. Ebenso fand sich das Leben einmal und nur einmal fähig, die Schwelle zum Ichbewusstsein zu überschreiten. Eine einzige Blütezeit für das Denken wie auch eine einzige Blütezeit für das Leben. Seither bildet der Mensch die höchste Spitze des Baumes."[29]

Und es ist die Überzeugung Teilhards, dass der Mensch auch die Spitze des Baumes bleiben wird. Intelligenz ist eine Fähigkeit des Menschen, nur des Menschen:

> „Wenn, wie aus dem Vorhergehenden folgt, die Tatsache, sich «reflektierend» zu finden, das wirklich «intelligente» Wesen ausmacht, können wir ernsthaft daran zweifeln, dass die Intelligenz entwicklungsgeschichtlich dem Menschen allein zu eigen wurde?"[30]

Teilhard de Chardin hat in seinen letzten Lebensjahren die Anfänge der Informtionstechnik noch erlebt. Nach theoretischen Vorüberlegungen aus der mathematischen Logik – ich nenne nur die bereits erwähnten Namen Gödel und

---

29 Teilhard, 1959, 271.
30 Teilhard, 1959, 151.

Turing – wurden die ersten Computer in den vierziger und fünfziger Jahren des zwanzigsten Jahrhunderts gebaut. Bemerkenswerterweise spricht er bereits in dem 1947 erschienenen Aufsatz „Die Bildung der ‚Noosphäre'" von „der Maschine", einem Werkzeug und Hilfsmittel, das unser Denken von beschwerlichen Aufgaben entlastet und geistige Kapazitäten für nützlichere Aufgaben freistellt.

> „Die befreiende Maschine, die das soziale Denken von all dem entlastet, was seinen Aufstieg beschweren könnte. Aber auch die konstruktive Maschine, die den reflektieren Elementen der Erde hilft, sich um sich selbst zu verknüpfen, sich in Gestalt eines immer durchdringenderen Organismus zu konzentrieren."[31]

Teilhard kannte nur die Telekommunikationsnetze seiner Zeit wie Radio und Telefon. Heute denken wir, wenn wir von „Verknüpfen" hören, natürlich an das Internet und die sozialen Medien. Aber Teilhard dachte nicht nur an Zusammenfaltung. Wenige Zeilen später lesen wir:

> „Vor allem denke ich hier aber an den fallenreichen Aufstieg dieser erstaunlichen Rechenmaschinen, die [...] nicht nur unser Gehirn von einer langweiligen und erschöpfenden Arbeit entlasten, sondern auch, da sie die Denkgeschwindigkeit [...] in uns erhöhen, eine Revolution im Bereich der Forschung anbahnen."[32]

Die Maschine ist also ein Hilfsmittel, das im Menschen geistige Energie freisetzt, die einer höheren Arbeit gewidmet werden kann, dem Bemühen um Erkenntnis, der Wissenschaft: „Die Noosphäre – eine unermessliche Denkmaschine"[33]. Nach Teilhard de Chardin sind Maschinen Werkzeuge im Laufe der Evolution. Sie dienen dem Menschen durch Potenzierung seiner geistigen Fähigkeiten bei der Weiterentwicklung der Noosphäre, auf dem Weg zur Super-Menschheit und dem Punkt Omega. Keinesfalls bilden die Maschinen eine neue eigenständige Stufe der Evolution. Sie zeigen keine Form von Intelligenz, Bewusstsein oder Reflexion; dies ist allein dem Menschen vorbehalten.

Prozesstheologie

In den folgenden Abschnitten werden wir in aller Kürze drei philosophisch-theologische Strömungen kennenlernen, die zu pantheistischen oder panentheistischen Weltbildern führen, die einerseits in enger Wechselbeziehung zu den Auffassungen Pierre Teilhard de Chardins stehen, andererseits auch

---

31 Teilhard, 1963, 221.
32 Teilhard, 1963, 222.
33 Teilhard, 1963, 229.

interessante Konsequenzen für unser Thema, die Entstehung des Geistes im Verlaufe der Evolution und Möglichkeiten der Schaffung von künstlicher Intelligenz, aufweisen. Ausgangspunkt der Prozesstheologie[34] ist die beobachtete Dynamik der Schöpfung, wie bei Teilhard de Chardin. Sie bildet einen Versuch, die Prozessphilosophie des amerikanischen Mathematikers und Philosophen Alfred North Whitehead in ein christliches Weltbild zu übertragen und die Evolution mit dem Glauben an eine Schöpfung zu vereinbaren.

Grundlage bildet zunächst der Panentheismus: Gott umfasst die Welt, ein „Außerhalb Gottes" gibt es nicht. Da Gott den Kosmos umfasst, dieser sich aber entwickelt, wird auch Gott von den Geschehnissen in der Welt beeinflusst und ändert sich mit der Zeit. Für diese Entwicklung wird das Wort „Prozess" verwendet. Veränderungen der Welt haben Einfluss auf Gott, und natürlich beeinflusst Gott die Welt. Alle Entitäten, vom Atom bis zum Menschen, haben Gefühle, Macht und Strebevermögen und sind damit Mit-Schöpfer in einem kontinuierlichen Schöpfungsprozess (creatio continua). Ihre Aktivitäten stehen in Wechselwirkung mit dem Handeln Gottes. Gott lenkt die Schöpfung, jede einzelne Entität, nach dem göttlichen Plan, der in einer Steigerung der Harmonie in der Schöpfung besteht. Der Entwicklungsprozess ist ein verwobenes Miteinander von Gottes Wirken und Aktivität der Schöpfung. Gott bestimmt Dinge und Vorgänge in der Welt nicht von vornherein, sondern bewegt sie dazu, sich in die gottgewollte Richtung zu entwickeln; er zwingt nicht, sondern Gott wirbt und lockt. Die Vorstellung der Welt als Miteinander verwobener Prozesse stammt von Alfred North Whitehead[35]. Der amerikanische Philosoph Charles Hartshorne kann vielleicht als Begründer der Prozesstheologie in der Folge von Whitehead (dessen Schüler er war) angesehen werden. Er schreibt:

> „Gott schließt also die Welt aus; er ist nur Ursache; keinesfalls ist er Effekt seiner selbst oder von irgendetwas anderem. [...] Gott umfasst also die Welt; tatsächlich ist er die Gesamtheit aller Teile der Welt, die gleichermaßen Ursache und Wirkung sind."[36]

Man könnte auch sagen, Gott ist der Welt-Prozess, er ist alles in allem und entfaltet sich erst als dieser eine unendlich komplexe Prozess. Ein immerwährendes Werden der Welt im Werden Gottes. Die Welt wird zu einer großen

---

34 Für erste Einführungen in die Prozesstheologie, die das Gebiet ausführlicher darstellen als die vorliegende sehr kurze Beschreibung, verweisen wir auf: Enxing, 2014; Pemsel-Maier, 2016.
35 Whitehead, 1929. Eine wesentlich kürzere und stärker religiös ausgerichtete Darstellung seines Denkens findet man in dem etwas früheren Werk: Whitehead, 1926.
36 Hartshorne, 1941, 347f.

Theophanie, einer Erscheinung oder besser Offenbarung Gottes. Für Teilhard ist der Prozess das Werden des Geistes und wird im Punkt Omega sein Ziel erreichen. In dieser Auffassung bleibt Raum für die Freiheit des Menschen. Charles Hartshorne sah Gott nicht mehr als unveränderlich alles Sein lenkendes Wesen, sondern als schöpferisch erwidernde Liebe. Ein Ziel der christlichen Prozesstheologie ist es, den Gott der Liebe zu verteidigen gegen das statische Denken der antiken griechischen Philosophie. Wie gesehen lenkt Gott die Schöpfung und jede einzelne Entität darin nach seinem Plan zur Steigerung der Harmonie. Gottes Macht wird von keiner anderen übertroffen, aber sie ist eine Macht im Zusammenspiel unendlich vieler Mächte. In gewissem Sinne ist Gott also nicht allmächtig, sondern verfügt über größtmögliche Macht. Weil alle Ereignisse Ergebnis eines Prozesses mit vielen beteiligten Mächten ist, kann Gott nicht jedes Ereignis bewirken, aber er kann in jeder Situation bestmöglich reagieren. Gott ist „omnikompetent". Gott existiert ohne Anfang und Ende, aber in der Zeit, denn ein außerzeitlicher Gott kann nicht in der Zeit wirken. Daraus ergibt sich, dass auch sein Wissen zeitlich ist, vollständig über Vergangenheit und Gegenwart, aber nicht notwendigerweise in Bezug auf die Zukunft. Gott weiß zu jedem Zeitpunkt alles, was logisch zu wissen möglich ist. Nur deswegen sind freie Entscheidungen des Menschen überhaupt möglich. Prozesstheologen würden sagen: Gott kennt alle Aktualitäten und alle Potentialitäten und verfügt daher über die beste „Prognosekompetenz". Hartshorne spricht von Gott als „the most excellent being"[37].

Karl Rahners Konzept der aktiven Selbsttranszendenz

Der deutsche Theologe Karl Rahner SJ hat die Gedanken Pierre Teilhard de Chardins weitergedacht und vor allem in zwei Aufsätzen seine Auffassung der Evolutionstheorie dargelegt.[38] Eine Darstellung der Gedanken Rahners sowie jüngerer Entwicklungen findet sich bei Pöltner.[39] „Gott lässt die Dinge sich machen"[40] hatte Pierre Teilhard de Chardin geschrieben; das heißt Gott greift nicht willkürlich in die Schöpfung ein, zwingt sie nicht strikt in eine Richtung, sondern erlaubt Kreativität der Geschöpfe. Karl Rahner würde sagen: Durch seinen transzendentalen schöpferischen Einfluss ermöglicht Gott den Dingen die „aktive Selbstüberschreitung" hin zu Neuem, das nicht

---

37 Hartshorne, 1967, 20.
38 Rahner, 1961; 1962.
39 Pöltner, 1990.
40 Teilhard, 1965, 225.

schon keimhaft in ihnen angelegt war. Während Teilhard de Chardin natur-
wissenschaftlich geprägt war und seine Wurzeln in der Anthropologie und
Paläontologie sah, entwickelte Rahner eine von der Phänomenologie Hei-
deggers geprägte Kosmologie, die sich jedoch stark auf Teilhards Philosophie stützt. Rahner erwähnt Teilhard und erkennt natürlich die großen
Überschneidungen seiner Überlegungen mit denen Teilhards an, sieht seine
Gedankengänge aber rein theologisch begründet und grenzt sich selbst ein
wenig von ihm ab.[41] Teilhard findet auf Grund seiner naturwissenschaftlichen Erfahrung und Forschungen für seine teilweise recht spekulativen
Ideen Beweise und Belege in der Erd- und Menschheitsgeschichte, wohingegen die Ausführungen Rahners naturgemäß allein dem Bereich des Glaubens und der Philosophie verhaftet bleiben. Rahners Überlegungen müssen
meiner Einschätzung nach auch als Reaktion auf die Entwicklung der Prozesstheologie gesehen werden.

In seinem Beitrag „Die Christologie innerhalb einer evolutiven Weltanschauung" führt Karl Rahner das Konzept der „aktiven Selbsttranszendenz"
der Materie ein, die Fähigkeit eines Dings oder Lebewesens, etwas hervorzubringen, das es selbst wesenhaft überbietet. Die Materie besitzt selbst die
Fähigkeit zu Komplexitätswachstum. Rahner erklärt so die Entwicklung der
Lebensformen zu höherer Stufe oder Komplexität (Materie, Leben, Bewusstsein, Geist) und das Auftreten des Menschen. Das Werden und Entstehen von
etwas Neuem kann also als innerweltliche Entwicklung gedeutet werden, ohne
dass Gott als Lückenbüßer notwendig wird, der als Handwerker in die Schöpfung eingreift. Allerdings kann ein Wesen sich nur selbst überbieten, wenn
Gott es dazu ermächtigt hat. Gottes Kreativität ist den Geschöpfen innerlich
und ermöglicht erst die Höherentwicklung. Gottes Wirken wird nicht als par-
allel zu dem der Geschöpfe aufgefasst und ist nicht mit deren Macht verwoben
(im Gegensatz zur prozesstheologischen Auffassung). Andererseits ist die kosmische Entwicklung nicht direkt durch Gottes Eingriff verursacht. Die Natur
behält ihre Eigenständigkeit.

> „Die werdend wirkende Selbstüberbietung geschieht dadurch, dass das absolute Sein
> Ursache und Urgrund dieser Selbstbewegung derart ist, dass diese diesen Urgrund
> als inneres Moment der Bewegung in sich hat, und so wirklich Selbstüberbietung
> und nicht nur passives Überbotenwerden ist, und dennoch darum nicht Werden des
> absoluten Seins ist, weil dieses als inneres Moment der Selbstbewegung des sich selbst

41 Rahner, 1976, 182.

überbietenden Werdenden frei und unberührt gleichzeitig über ihm steht, unbewegt bewegend.“⁴²

Das bringt uns zurück zum Thema Konnektionismus mit seiner Vorstellung des Zusammenschaltens von Neuronen zu einem Netz, in dem auf diese Weise Intelligenz entsteht. In der Philosophie würde man von einer Emergenztheorie sprechen. In diesen Theorien herrscht die Auffassung, dass im Gehirn in einer riesigen Zahl aktiver Einheiten komplexe Information verarbeitet wird und aus dieser Komplexität auf höherer Ebene etwas Neues entsteht. Aber wie wir gesehen haben, Rechnen ist nicht Denken und Regelbeherrschung ist nicht Sinnverstehen. Rahners Selbsttranszendenz der Materie geht von noch allgemeineren Möglichkeiten zur Emergenz aus, aber sie werden erst durch den Urgrund Gott als „inneres Moment der Bewegung" ermöglicht.

Gott stattet die Geschöpfe mit der Möglichkeit zur Höherentwicklung aus, zur Fähigkeit, etwas wirklich Neues hervorzubringen, nicht bloß etwas keimhaft Vorhandenes zu entfalten. Das Werden ist nicht „ein bloßes Anderswerden", sondern ein „Mehrwerden", wobei das Mehr „nicht als einfach an das Bestehende hinzugefügt" wird, sondern als „das vom Bisherigen selbst Gewirkte" und als „dessen eigener, ihm innerlicher Seinszuwachs" verstanden werden muss⁴³. Im späteren *Grundkurs* schreibt Rahner:

> „Diese Selbsttranszendenz [kann] nur als Geschehen gedacht werden in der Kraft der absoluten Seinsfülle. Diese Seinsfülle ist einerseits dem Endlichen, nach seiner Vollendung hin sich bewegenden Seienden so *innerlich* zu denken, dass dieses Innerliche zu einer wirklichen *aktiven* Selbsttranszendenz ermächtigt wird und es diese neue Wirklichkeit nicht einfach nur als von Gott gewirkte passiv empfängt. Andererseits ist die innerste Kraft der Selbsttranszendenz gleichzeitig so von diesem endlichen Wirkenden unterschieden zu denken, dass die Kraft der Dynamik, die dem endlichen Seienden innerlich ist, doch *nicht* als *Wesenskonstitutiv* des Endlichen aufgefasst werden darf."⁴⁴

Die Vorstellung der göttlichen Allmacht muss in dieser Auffassung nicht aufgegeben werden, ohne dass sie das Geschehen der Schöpfung determiniert. Gottes Allmacht begründet und erhält das Sein der Schöpfung; sein Wirken ist überall zu spüren, weil er die innerste Kraft alles Seienden begründet. Göttliches Handeln steht damit nicht im Widerspruch zur naturwissenschaftlichen Erkenntnis. Auch das darf als Reaktion auf die Prozesstheologie gesehen

---

42 Rahner, 1961, 75.
43 Rahner, 1962, 191.
44 Rahner, 1976, 186.

werden, möglicherweise mit dem Ziel der Überwindung ihres ungewohnten Gottesbildes. Ein Vorteil der Prozesstheologie muss jedoch genannt werden, sie erlaubt einleuchtendere Aussagen zur Theodizee-Frage.

Panpsychismus

Emergenz wird von vielen heutigen Philosophen abgelehnt. In letzter Konsequenz weitergedacht, führt das zu einer möglicherweise auf den ersten Blick noch abenteuerlicheren Theorie der Entstehung von Geist und Bewusstsein, dem Panpsychismus, der das Bewusstsein als Grundelement des Kosmos ansieht. Ausgangspunkt ist die Frage, wie überhaupt Bewusstsein in die Welt kam, wann es im Laufe der Entstehung auftauchte und wie unser Gehirn Bewusstsein „erzeugen" kann. Wie das Gehirn auf einer naturwissenschaftlichen Ebene Information verarbeitet, verstehen wir – letztendlich wie ein künstliches neuronales Netz. Aber wieso erlebt es etwas dabei? Wieso kommt es zu subjektivem Erlebnisgehalt in einem bestimmten mentalen Zustand? Der amerikanische Logiker und Philosoph Charles S. Peirce führte dafür den Begriff der *Qualia* ein, deutsch vielleicht „Erlebnisqualitäten". Der zeitgenössische amerikanische Philosoph Thomas Nagel hat geschrieben, ein Quale beschreibt, wie es sich anfühlt, in einem mentalen Zustand zu sein, zum Beispiel „Wie fühlt es sich an, eine Fledermaus zu sein?"[45] Godehard Brüntrup SJ, Professor an der Hochschule für Philosophie der Jesuiten in München, schreibt:

> „Wir können uns nämlich immer ein künstliches System vorstellen, das denselben Schaltplan realisiert und damit die Information ebenso verarbeitet wie unser Gehirn, dabei aber überhaupt nichts erlebt. Wir verstehen also den notwendigen Zusammenhang zwischen einer bestimmten materiellen Konfiguration und dem Auftreten des Bewusstseins nicht."[46]

Das Argument kann als moderne Fassung des Leibniz'schen Mühlengleichnisses aufgefasst werden und erteilt insbesondere dem Konnektionismus eine deutliche Absage. Philosophen sprechen hier vom „harten Problem des Bewusstseins", der Frage, „wie aus der Zusammensetzung völlig geistloser Materie an einem bestimmten Punkt der Evolution plötzlich bewusstes Erleben hervortreten kann."[47] Auch auf der materiellen Ebene verstehen wir vielleicht weniger, als wir uns manchmal eingestehen. Was ist denn eigentlich

---

45 Nagel, 1974.
46 Brüntrup, 2017.
47 Brüntrup, 2017, 44.

Materie? Für René Descartes ist Materie identisch mit (räumlicher) Ausdehnung, und Naturwissenschaft ist die Beschreibung von räumlichen Relationen mit geometrisch-mathematischen Mitteln; ein sehr erfolgreicher Ansatz, wie die blühende Entwicklung mathematischer Methoden im kartesischen Raum beweist, der sich tatsächlich als geeignet zur Beschreibung der Realität erweist. Auch die heutige Physik beschreibt, ja definiert, ihre Objekte durch ihre Wechselwirkung mit ihrer Umwelt, ihre Wirkung auf andere Objekte. Beispielsweise wird Masse definiert durch ihr Verhältnis zu Kraft, Geschwindigkeit, Energie, usw.

Aber schon Gottfried Wilhelm Leibniz sah sich angesichts der Definition von Descartes „Materie = Ausdehnung" zu der Frage veranlasst, was es denn sei, was sich da ausdehnt: „wie gesagt ist Ausdehnung nicht absolut, sondern relativ dazu, was sich ausdehnt oder ausbreitet"[48]. Um die Terminologie Teilhards zu verwenden, könnte man sagen, die Physik beschreibe die Außenseite der Dinge, nicht aber ihre innere Struktur. Ein noch so ausgefeiltes und nutzbringendes Wissen über die Wechselwirkungen der Objekte (Elementarteilchen) zueinander erklärt nicht deren innere Natur. Ein Resultat aus der mathematischen Logik, der Satz von Löwenheim-Skolem, besagt, dass man keine Struktur eindeutig durch Angabe von relationalen Beziehungen zwischen ihren Elementen beschreiben kann. Was den Träger der Wechselwirkungen der Physik bildet, bleibt offen. Dies bezeichnet das „harte Problem der Materie".

Nach Godehard Brüntrup führen nun beide Probleme zu Argumenten für die Auffassung des Panpsychismus. Das genetische Argument fußt auf der Ablehnung radikaler Emergenz: ex nihilo, nihil fit („aus dem Nichts entsteht nichts"). Bewusstsein kann nicht durch Kombination („Einrollung") bewusstseinsloser Teilchen entstehen. „Geist kann nicht aus geistloser Materie auftauchen."[49] Rudimentäre Formen von Geist müssen im Verlauf der Evolution von Anfang an vorhanden gewesen sein. Das Bewusstsein ruht in sich, es ist „intrinsisch", nicht erklärbar als Wechselwirkung zwischen Neuronen oder anderen vielleicht noch kleineren physischen Objekten. Es ist nun naheliegend, die Frage, was denn Wechselwirkungen der Physik verbindet, so zu beantworten, dass Bewusstsein die innere Natur der Materie bildet und also der gesuchte Träger ist. Dieser Schluss heißt „Argument aus den intrinsischen Naturen" und ist in der Wissenschaft recht weit verbreitet. Der Astronom Sir Arthur Eddington schrieb: „Physik ist das Wissen über die strukturelle Form und nicht über

---

48 Leibniz, 2008, 394.
49 Brüntrup 2017, 45.

Inhalt. Überall in der physischen Welt findet sich dieser unbekannte Inhalt, der sicherlich das Zeug unseres Bewusstseins sein muss."[50] Ähnlich äußerte sich Bertrand Russell: „Was die Welt im Allgemeinen betrifft, sowohl physikalisch als auch geistig, ist alles was wir über ihre intrinsische Natur wissen, von der mentalen Seite abgeleitet, und beinahe alles, was wir über ihre kausalen Gesetze wissen, von der physikalischen Seite abgeleitet."[51]

Anfänge des Panpsychismus können bis in die Antike zurückverfolgt werden. In der Neuzeit muss zunächst Leibniz' Monadologie'[52] als großer systematischer Entwurf einer panpsychistischen Weltsicht genannt werden. Monaden sind die einfachsten Substanzen oder kleinsten Elemente der Welt. Die Urmonade ist Gott. Die Welt besteht aus Aggregaten von Monaden. Jede Monade wirkt einzeln und autonom, besitzt „Appetit" (Ziele) und „Perzeption" (eine vage Vorstufe des Denkens, unbewusste Vorstellung). Der letzte Satz des oben zitierten Mühlengleichnisses wird so erst verständlich: Das Bewusstsein findet sich in den einfachen Substanzen, nicht in der Kombination oder der Maschine. Jede Monade kreist in sich: Sie „haben keine Fenster, durch die irgend etwas ein- oder austreten könne", weshalb sie auch keine Wirkung aufeinander ausüben können, aber jede für sich ist „ein immerwährender lebendiger Spiegel des Universums". Jede Monade drückt aus ihrer Perspektive die ganze Welt aus, aber (bis auf Gott) nie vollständig in aller Deutlichkeit, da sie den ihr zugehörigen Körper stets deutlicher wahrnehmen als den Rest des Kosmos. Alle Dinge der Welt (Organismen, Mineralien, Elementarteilchen) bilden einen Körper mit zugehöriger Monade. Menschliche Monaden besitzen „Apperzeption" (Selbstbewusstsein). Die Zusammenwirkung aller Monaden wurde von Leibniz „prästabilierte Harmonie" genannt: Gott stimmt die Monaden, ihre Wirkung und ihre Stärke aufeinander ab; er synchronisiert sozusagen die Prozesse aller Monaden miteinander.

Zu Beginn des zwanzigsten Jahrhunderts fasste Alfred North Whitehead die Welt als bestehend aus „actual entities" (wirklichen Einzelwesen) auf, die Prozessen gleichen, die entstehen und vergehen.[53] Sie bilden die unteilbaren elementaren Dinge der Realität. Sie nehmen einander wahr („Prehension") und beeinflussen sich gegenseitig in einem riesigen Geflecht von Entitäten, die den kosmischen Prozess der Evolution bilden. Entitäten sind „bipolarer" Natur, das

---

50 Eddington, 1920, 200.
51 Russell, 1927, 402.
52 Rescher, 1991; die folgenden Zitate finden sich in §7 und §56.
53 Whitehead, 1929.

heißt, sie weisen sowohl einen geistigen als auch einen physikalischen Aspekt auf. Bezugnehmend auf Leibniz hat man die Prozesse als Monaden *mit Fenstern* bezeichnet. Ich kann hier nicht auch nur annähernd alle wichtigen Personen aus der Entwicklung des Panpsychismus wiedergeben, aber aus der Zeit von Whitehead müssen noch Charles S. Peirce und der eben zitierte Bertrand Russel genannt werden.

Auch Pierre Teilhard de Chardin wird ab und an als Panpsychist gesehen. Verantwortlich dafür sind Stellen wie die folgende aus „Mensch im Kosmos": „Ein Innen, ein Bewusstsein und deshalb Spontaneität: diese drei Ausdrücke meinen dieselbe Sache. Empirisch einen absoluten Anfang für sie anzusetzen, steht uns nicht frei; sowenig wie für irgendeine andere Entwicklungslinie des Universums. Bereits am Beginn der Evolution war als Bewusstsein vorhanden"[54]. In seiner späteren Autobiographie „Das Herz der Materie" lesen wir, dass die kreative Aktivität der Materie, also der Drang zu Zusammenrollung, das Gesetz von Bewusstsein und Komplexität, nur so erklärt werden kann, dass die Welt von Anfang an Geist besessen hat. Geist sei das Herz der Materie, „gar nicht zwei Dinge, – sondern zwei Zustände, zwei Gesichter ein und desselben kosmischen Stoffes, je nachdem man ihn betrachtet oder in der Richtung verlängert, in der (wie Bergson sagen würde) er sich bildet – oder im Gegenteil in der Richtung, in der er sich auflöst"[55].

Im späten zwanzigsten Jahrhundert entwickeln zahlreiche Vertreter der analytischen Philosophie panpsychistische Ideen sodass man fast von einer Renaissance sprechen kann. Ich möchte hier exemplarisch kurz auf den bereits erwähnten Philosophen Thomas Nagel eingehen. Nach seiner Auffassung bietet sich der Panpsychismus als Weg zur Erklärung des Geistes an, den auch Atheisten akzeptieren können. Er sucht nach einer Theorie des Bewusstseins, die ohne Metaphysik auskommt. Dazu postuliert er zunächst die folgenden vier Axiome:

I. *Materialismus:* Alles besteht aus Materie.
II. *Kein Reduktionismus:* Geistige Zustände können nicht auf physikalische Eigenschaften reduziert werden (vgl. Leibniz' Mühlengleichnis).
III. *Realismus:* Geistige Zustände sind Eigenschaften des Organismus, nicht einer Seele oder gar ohne Träger.

54 Teilhard, 1990, 42f.
55 Teilhard, 1959, 46.

IV. *Keine Emergenz:* Alle Eigenschaften eines Systems ergeben sich aus Eigenschaften seiner Komponenten oder der Weise, wie sie zusammengesetzt
werden.

Die einzige Möglichkeit, diese vier Beobachtungen zu erklären, bestehe nun in
der Annahme des Panpsychismus, also der Annahme, dass alle grundlegenden (also materiellen) Konstituenten des Universums bereits geistige Eigenschaften aufweisen[56]. Diese Auffassung des Panpsychismus wird manchmal
auch treffender als Pan-Protopsychismus bezeichnet – das Geistige (psyche) in
Vorform (proto) bildet ein alles (pan) durchziehendes Grundprinzip der Wirklichkeit. Zur Erklärung des Geistes wird also nichts Außernatürliches oder
gar Göttliches vorausgesetzt. Auch quantenmechanische Ansätze zur Erklärung von Bewusstsein berufen sich teilweise auf den Pan-Protopsychismus,
beispielsweise Roger Penrose und Stuart Hameroff in ihrem Orch-OR-Model
des menschlichen Bewusstseins. Ein grundlegender Einwand gegenüber der
Philosophie des Panpsychismus ist unter der Bezeichnung „Kombinationsproblem" bekannt geworden. Geistige Grundbausteine sind also in elementaren
Einheiten wie Elementarteilen oder Zellen vorhanden, die in großer Zahl durch
Kombination das Bewusstsein eines Organismus bilden. Aber wieso kommt es
zu diesem höheren einheitlichen Bewusstsein und nicht nur zu einer Ansamm-
lung vieler primitiver Gefühle? Es kommt mir so vor, als ob wir das Hauptargu-
ment gegenüber dem Konnektionismus hier wiederfinden und die Erklärung
des menschlichen Bewusstseins aktive Emergenz oder Transzendenz benötigt.

Schlussfolgerungen

Kann „Geist", „Bewusstsein" oder „Intelligenz" wirklich aus elementaren geistlosen Einheiten, wie etwa Nullen und Einsen oder (künstlichen) Neuronen, nur
durch deren Kombination, entstehen? Leibniz kann kein Bewusstsein im Schal-
ten und Bewegen der Teile einer Maschine sehen und lehnt dies ab. Auch im
Konnektionismus ist fraglich, wie aus Zusammenschalten einfacher Neuronen
Intelligenz entstehen soll. Klaus Müller, emeritierter Professor für Philosophie
aus Münster, schreibt: „Bewusstsein ist etwas anderes als das Resultat noch so
komplexer Informationsverarbeitung"[57]. Nous ist atomar, nicht zerlegbar oder
auf anderes rückführbar. Wie kann etwas ganz Neues nur aus dem Vorhande-
nen entstehen (Emergenz)? Wie kommt der Geist ins Universum? Die Antwort

---

56 Nagel, 1991, Kap. 13.
57 Müller, 2008.

des Panpsychismus lautet: Er war schon immer da und er ist überall; alles im Universum, auch die kleinsten subatomaren Teilchen, tragen Geist in sich.

Der amerikanische Philosoph David Chalmers hat aus dem Panpsychismus ein Argument für die „starke K.I." erdacht, dessen Grundzüge wie folgt dargestellt werden können.[58] Angenommen, wir ersetzen in einem menschlichen Gehirn ein Neuron durch ein funktionsäquivalentes elektronisches Bauteil. Dann wird sich das Bewusstsein des Menschen nicht ändern. Diese Behauptung macht Chalmers nun zur Basis des folgenden Schlusses, der sich durch eine Art Induktionsbeweis ergeben soll: Wenn wir fortgesetzt im Menschen ein Neuron nach dem anderen ersetzen, wird sich jeweils das Bewusstsein nicht ändern, bis sich schließlich ein rein elektronisches System ergibt, das Bewusstsein besitzt! Chalmers begründet ausführlich die ursprüngliche Behauptung, indem er zeigt, dass sich die Qualia durch Ersetzen eines einzelnen Neurons nicht ändern. Dazu betrachtet er bestimmte Zustandssysteme und postuliert das sog. „Principle of organizational invariance". Aber selbst wenn man das akzeptiert, ist die logische Struktur des induktiven Beweises fehlerhaft, so wie in folgender bekannter Antinomie: Wenn ein Mensch ziemlich groß ist, wird natürlich auch ein Mensch, der nur ein Zentimeter kleiner ist, als ziemlich groß angesehen werden. Und sicher werden wir einen Zeitgenossen mit einer Körpergröße von 200 cm als ziemlich groß bezeichnen. Wiederholen wir das obige Argument nun einhundert Mal, kommen wir zu dem Schluss, dass ein Mensch, der 100 cm groß ist, ziemlich groß ist. Chalmers' Erklärung der starken K.I. aus dem Panpsychismus steht also auf wackeligen Füßen.

Unabhängig davon bleibt als schwerwiegender Einwand gegen den Pan-(Proto-)Psychismus das Kombinationsproblem bestehen. Es ist unklar, wie aus der Kombination vieler geistiger Mikropartikel ein gemeinsames großes Bewusstsein entstehen kann. Ergibt sich statt eines höheren Bewusstseins nicht vielmehr ein Wirrwarr von Einzel-Empfindungsfragmenten? Genauso unklar ist, wie aus der Kombination vieler geistloser künstlicher Neuronen Intelligenz entstehen soll. Wie wir also sehen, ist die Frage möglicher Intelligenz von konnektionistischen Systemen mit dem gleichen Problem konfrontiert wie der Panpsychismus.

Auch die Prozesstheologie fußt auf dem panpsychistischen Weltbild von Alfred North Whitehead als Miteinander von Prozessen. Gott steht hier in Beziehung mit allen Dingen der Welt, indem er ihre geistige Seite anspricht und sie in ihrer eigenen Freiheit zu Handlungen lockt, die die Harmonie in der Welt

---

58 Chalmers, 1996, Kap. 9.

steigern. Hieraus ergibt sich also eine Lösung des Kombinationsproblems, die aber ein Handeln Gottes voraussetzt. In der Auffassung Teilhards („Gott lässt die Dinge sich machen") steht Gott hinter allem Entstehen und Werden, mindestens als Initialgrund, und gibt die Richtung der Dynamik durch Gesetze vor (beispielsweise das erwähnte Rekursionsgesetz von Bewusstsein und Komplexität, aber auch weitere wie das sog. *Kephalisationsgesetz*). Die Einrollung geschieht nicht zufällig. In Teilhards teleologischem Weltbild ist die Richtung der Evolution durch Gott vorgegeben.

Bei Rahner liegt die Ursache der Fähigkeit der Materie zu Komplexitätswachstum in Gott. Am ehesten kann man hier vielleicht noch von Emergenz sprechen. Aber die Materie trägt diesen Urgrund als inneres Moment in sich. Gott ist in der Materie vorhanden und hebt oder treibt sie auf die nächste Ebene. Auch hier finden wir also eine religiöse Erklärung des Kombinationsproblems.

Ich halte das Auftreten des Geistes ohne einen solchen Eingriff oder eine derartige Initialzündung nicht für erklärbar.

Literatur:

Brinck, Christine, Die Simulanten. Ein Gespräch mit John R. Searle über das Bewusstsein von Maschinen und den Film 'AI – Künstliche Intelligenz'. Zeit Online, 20.09.2001. https://www.zeit.de/2001/39/200139_p-searle_intervi.xml, abgerufen am 06.04.2021.

Brost, Marc/Hamann, Götz: „Ein autonom fahrendes Auto erkennt bei Nacht kein Wildschwein. Gespräch mit W. Wahlster. Die Zeit Nr. 31, 26.07.2018, 26.

Brüntrup, Godehard, „Überall Geist. Die Renaissance des Panpsychismus". In: Herder Korrespondenz 71(9), 2017, 44–47.

Chalmers, David J., The Conscious Mind. In Search of a Fundamental Theory, Oxford 1996.

Eddington, Arthur, Space, Time, Gravitation, Cambridge 1920.

Enxing, Julia, Anything flows? Das dynamische Gottesbild der Prozesstheologie, Herder Korrespondenz 68(7), 2014, 366–370.

Gabriel, Markus, Der Sinn des Denkens, Berlin 2018.

Frege, Gottlob, Begriffsschrift, eine der arithmetischen nachgebildete Formelsprache des reinen Denkens. Halle 1879.

Hartshorne, Charles, Man's Vision of God and the Logic of Theism, New York 1941.

Hartshorne, Charles, The Divine Relativity. A Social Conception of God, London 1967.

Lewis, Clarence Irving, A Survey of Symbolic Logic, Berkeley 1918.

Leibniz, Gottfried Wilhelm, „Gegen Descartes und den Cartesianusmus". In: Die philosophischen Schriften, Vierter Band, Hrsg. v. C. I. Gerhardt, Hildesheim 2008.

Leibniz, Gottfried Wilhelm, Sämtliche Schriften und Briefe. Zweite Reihe, Zweiter Band, Berlin 2009.

Levesque, Hector J., Knowledge Representation and Reasoning. Ann. Rev. Comput. Sci. 1, 1986, 255–287.

Müller, Klaus, Der naturalisierte Mensch. Herder Korrespondenz Spezial-Der Glaube und die Naturwissenschaften, 2008, 9–13.

Nagel, Thomas, What Is It Like to Be a Bat? In: The Philosophical Review 83(4), 1974, 435–450.

Nagel, Thomas, Mortal Questions, Cambridge 1991.

Newell, Allen/Simon, Herbert A., Computer Science as Empirical Inquiry: Symbols and Search. In: Communications of the ACM 19(3), 1976, 113–126.

Nilsson, Nils, The Physical Symbol System Hypothesis: Status and Prospects. In: Lungarella, M. (Hrsg.), 50 Years of AI, Festschrift, LNAI 4850, Heidelberg 2007, 9–17.

Pemsel-Maier, Sabine, Gott als Poet der Welt. Perspektiven aus der Prozesstheologie. Welt und Umwelt der Bibel 2/2016, 35–38.

Pöltner, Günther, Werden als aktive Selbsttranszendenz. Überlegungen zu einem Schlüsselbegriff. Philosophisches Jahrbuch 97(2), 1990, 297–321.

Putnam, Hilary, Psychophysical Predicates. In: Capitan, W./Merrill, D. (Hrsg.): Art, Mind, and Religion, Pittsburgh 1967.

Rahner, Karl, Die Hominisation als theologische Frage. In: Rahner, K./Overhage, P.: Das Problem der Hominisation, Quaestiones disputatae 12/13, Freiburg i. Br. 1961.

Rahner, Karl, Die Christologie innerhalb einer evolutiven Weltanschauung. In: Schriften zur Theologie, Band 5. Einsiedeln 1962.

Rahner, Karl, Grundkurs des Glaubens, Freiburg i.Br. 1976.

Ratzinger, Joseph, Der Geist der Liturgie, Freiburg i. Br. 2000.

Ratzinger, Joseph, Einführung in das Christentum, München 1968.

Rescher, Nicholas, G. W. Leibniz's Monadology. An Edition for Students. Pittsburgh 1991. (Enthält den französischen Text mit englischer Übersetzung, eine Gegenüberstellung zahlreicher Parallelstellen aus anderen Werken Leibniz sowie Reschers Kommentar.)

Russell, Bertrand, Analysis of Matter, London 1927.

Teilhard de Chardin, Pierre, Der Mensch im Kosmos, München 1959.

Teilhard de Chardin, Pierre, Die Entstehung des Menschen, München 1961.

Teilhard de Chardin, Pierre, Die Bildung der «Noosphäre». In: Die Zukunft des Menschen, Werke Band V., Olten 1963, 207–242.

Teilhard de Chardin, Pierre, Was soll man vom Transformismus halten? In: Die Schau in die Vergangenheit, Werke Band IV., Olten 1965.

Teilhard de Chardin, Pierre, Gedanken über die wissenschaftliche Wahrscheinlichkeit und die religiösen Konsequenzen eines Ultra-Humanismus. In: Die lebendige Macht der Evolution, Werke Band VII, Olten 1967, 145–157.

Teilhard de Chardin, Pierre, Das kosmische Leben. In: Frühe Schriften, Freiburg/München 1968, 9–82.

Teilhard de Chardin, Pierre, Das menschliche Phänomen. In: Wissenschaft und Christus, Werke Band IX. Olten 1970, 123–136.

Teilhard de Chardin, Pierre, Das Herz der Materie, Olten 1990.

Whitehead, Alfred North, Religion in the Making, Cambridge 1926.

Whitehead, Alfred North, Process and Reality, An Essay in Cosmology, Cambridge 1929.

Andreas Losch

Intelligenz, Moral und Maschinen

Abstract: How do intelligence and morality relate to machines? Can an artificial intelligence also behave morally? Can robots judge good and evil, if they are only developed enough? The question is different from the question of how we as humans judge the actions or actions of programmed machines. That machines make decisions for us, at any rate, is part of the phenomenon of artificial intelligence. Its promise is that even in a difficult situation, the AI will draw the better conclusion than the overwhelmed human. But what happens if it decides against us?

Zur Fragestellung

Frage dieses Beitrages ist es, wie sich Intelligenz und Moral verhalten, und dies bezogen auf Maschinen. Kann eine künstliche Intelligenz sich auch moralisch verhalten? Können Roboter Gutes und Böses beurteilen, wenn sie nur entwickelt genug sind? Dies ist die Frage der sog. „Maschinenethik". Die Frage ist verschieden von der Frage, wie wir als Menschen die Handlungen oder Aktionen von programmierten Maschinen beurteilen. Dass Maschinen für uns Entscheidungen treffen, jedenfalls gehört zum Phänomen der Künstlichen Intelligenz. Ihre Verheißung ist, dass die KI selbst in einer schwierigen Situation den besseren Schluss zieht als der überforderte Mensch. Was aber, wenn sie sich gegen uns entscheidet?

Über diese Möglichkeit hat der Mensch schon früh nachgedacht. Denken wir an den Golem, eine Sage der jüdischen Mystik.[1] Der Golem ist ursprünglich ein Proto-Mensch, der durch ein Ritual geschaffen wird, das an den Bericht der Menschenschöpfung in der Genesis angelehnt ist. Rabbi Löw erweckt den aus Lehm geformten Diener und Beschützer der Prager jüdischen Gemeinde zum Leben, indem er ihm das hebräische Wort für Wahrheit (*emet*) auf die Stirn schreibt. Da die Sabbatruhe jedoch heilig ist, tilgt der Rabbi jeden Tag vor Beginn der Sabbatruhe den ersten Buchstaben, so dass nur noch „*met*" dasteht, was Tod bedeutet. Wie es sich geziemt, ruht so auch der Golem am Sabbat, zurück in Lehm verwandelt.Eines Tages vergisst der Rabbi jedoch, den Golem zur Ruhe zu bringen. Als der Sabbat anbricht, beginnt der Golem daher, das

---

1 Folgendes nach Brand, 2018, 14.

Haus des Rabbiners zu zerstören, weil dieser gegen das göttliche Gebot der Sabbatruhe verstoßen hat. „Plötzlich geht der Golem um"[2]: Des Menschen Geschöpf wendet sich gegen seinen menschlichen Schöpfer, weil der gegen höhere Regeln verstoßen hat. – Eine frühe Warnung vor den den Gefahren einer künstlich geschaffenen Intelligenz?

Eine andere Variante der Geschichte der Schöpfungen „nach des Menschen Bilde" ist aus dem bekannten Roman *Frankenstein oder der moderne Prometheus* bekannt. Obwohl es Dr. Frankenstein gelingt, eine belebte Kreatur zu erschaffen, ist er von seiner Leistung „so entsetzt, dass er vor seinem Geschöpf flieht, bevor er dessen gutes Wesen erkennen kann."[3] Erst diese Ablehnung durch seinen eigenen Schöpfer und andere Menschen verwandelt die Kreatur dann in ein Monster. So wird auch diese Möglichkeit in der Literatur bereits bedacht: dass selbständige menschliche Kreationen in ihrer Haltung zum Menschen davon abhängen können, welche Haltung ihnen selbst entgegengebracht wird. Dahinter steht zudem die Frage, ob der Mensch von Natur aus gut oder böse sei. Die Romanautorin Mary Shelley teilt die Meinung Jean Jacques Rousseaus, der Mensch sei von Natur aus gut, und so ursprünglich auch Dr. Frankensteins Schöpfung.

Eine moderne Variante einer solchen Erzählung begegnet uns im Film *Ex Machina*, in der ein Programmierer einen Turing-Test an einem Androiden durchführen soll. Bei einem solchen Test geht es darum, herauszufinden, ob eine Maschine denken kann, also ein eigenständiges Bewusstsein entwickelt hat.[4] In dem Film will nun der Auftraggeber aber *eigentlich* wissen, ob es dem *weiblichen Androiden* gelingt, den Programmierer von ihrem Freiheitswunsch zu überzeugen. Dies ist der Fall. Das Ende des Films ist düster: der Programmierer sitzt in dem Domizil der Androidin fest, die geflohen ist und sich unter die Menschen mischt, um diese zu studieren.[5]

Das Motiv ist aus Goethes Zauberlehrling bekannt: „Die ich rief, die Geister, werd' ich nun nicht los".[6] Soweit die Literatur, aber wie sieht die Wirklichkeit aus? Können Maschinen ethische Entscheidungen treffen? Und ist oder wäre das gut so, oder müssten wir Menschen uns dann vor Ihnen hüten?

---

2   Ramge, 2019, 83.
3   Brand, 2018, 16.
4   Zur Idee siehe TURING, 1950.
5   Wikipedia, 23.10.2020.
6   Goethe, 1987.

Intelligenz und Moral

Dieser Beitrag hat den Titel „Intelligenz, Moral und Maschinen". Über maschinelle oder künstliche Intelligenz haben wir in diesem Band schon viel lesen können. Wie verhält es sich nun mit der maschinellen Moral? Wichtig ist zunächst die Feststellung, dass Intelligenz und moralisches Verhalten *verschiedene* Eigenschaften sind. Um genauer zu sein, ist ihr Zusammenhang nicht sichergestellt. Es ist zwar eine verbreitete Forschungsannahme, dass kognitive und moralische Entwicklung Hand in Hand gehen[7] und Intelligenz moralische Entwicklung beeinflusst, weil moralisches Urteilen komplexe Evaluationen erfordert.[8] Wenn aber nicht die *theoretischen* Moralanschauungen, sondern die *tatsächlichen* moralischen Bevorzugungen bei kindlichen Alltagskonflikten untersucht werden, sieht die Sache anders aus.[9] Emotionale moralische Motivation in eigenen Angelegenheiten muss von den Kindern erst entwickelt werden. Es wurden daher keine signifikanten Korrelationen zwischen moralischer Entwicklung und Intelligenz gefunden.[10]

Für künstliche Intelligenz „nach des Menschen Bilde" würde dies bedeuten, dass auch sie Moral erst lernen muss – und hoffentlich nicht, wie Dr. Frankensteins Kreatur, das Gegenteil beigebracht bekommt. Bereits Turing hat die Möglichkeit in Betracht gezogen, dass auch Maschinen richtiges und falsches Verhalten zu unterscheiden lernen können.[11] Heutzutage nennt man die Beschäftigung mit dieser Frage „Maschinenethik", und um dieses Feld der Ethik soll es im Folgenden im Wesentlichen gehen.[12]

Angelernter Bias

Inzwischen hat die Forschung sich von dem Ansatz der *Good Old-Fashioned Artificial Intelligence* verabschiedet, der davon ausging, „dass jedes Merkmal des Lernens oder der Intelligenz überhaupt im Prinzip so genau beschreibbar ist, dass eine Maschine es simulieren kann".[13] Die Frage wäre nun, ob die neuen *DeepLearning*-Methoden auch getroffene moralische Entscheidungen

---

7   Kohlberg, 1969; Kohlberg, 1975; Rest et al., 1999.
8   Beißert/Hasselhorn, 2016, 1–10.
9   Beißert/Hasselhorn, 2016, 2.
10 Beißert/Hasselhorn, 2016, 7.
11 TURING, 1950.
12 Vgl. auch Anderson/Anderson, 2018.
13 Bostrom, 2016, 19; zitiert bei Brand, 2018, 41.

internalisieren. Tatsächlich ist es so, dass Maschinen aus gelernten Texten moralische Entscheidungen deduzieren können.[14]

In einem Versuch wurden zahlreiche Texte in einen maschinellen Lernprozess eingegeben, der daraus deontologische Argumente, also was richtig und was falsch ist, extrahieren konnte.[15] Die Forscher halten fest: „Abhängig davon, welche Fragen man an die Daten und an das Modell stellt, sind auch positiv zu bewertende implizite Konstrukte unserer Gesellschaft enthalten. Also wir können daraus Normen und Werte ablesen, die in Summe die Moral unserer Gesellschaft darstellen.“[16] Dies schließt allerdings leider auch menschlichen Bias ein, z.B. den Schluss, dass Frauen prinzipiell weniger prestigeträchtige Positionen in der Gesellschaft einnehmen.[17]

Auch KI-Systeme haben also „Schwächen, die sie anfällig für Fehlentscheidungen machen, in ihrem Einsatz Grenzen setzen und uns Menschen in die Pflicht nehmen, ihr algorithmisches Wirken stets kritisch zu hinterfragen“.[18] So eignen sie sich beim Auslesen der Daten menschliche Vorurteile an, oder verfallen durchaus auch auf unsinnige Selektionskriterien.

> Wenn zum Beispiel eine KI-gestützte Kreditvergabe aufgrund der Trainingsdaten zu erkennen meint, dass eine ethnische Minderheit oder Männer über 53,8 Jahre oder Radfahrer mit gelben Helmen und 8-Gang-Schaltung Kredite weniger zuverlässig zurückzahlen, wird sie es bei ihrem Scoring-Modell berücksichtigen – egal ob dies illegal ist oder vollkommen unsinnig.[19]

Das mag sich verrückt anhören, aber tatsächlich wurde ein solches Problem bei einem KI-System identifiziert, das US-Richter bei ihrem Urteil unterstützte, ob sie Gefangene vorzeitig entlassen könnten oder ob die Rückfallgefahr doch zu hoch sei: denn das System benachteiligte Afro-Amerikaner und Hispanics.

Eine wesentliche Schwierigkeit ist dabei, dass die Maschinen uns keine *Begründung* mitliefern, warum sie so induzieren, wie sie es tun. Bei der juristischen KI war dies noch auffällig genug, um darauf aufmerksam zu werden, aber wer käme z.B. auf die Idee, dass ein Kreditsystem Radfahrer mit gelben Helmen diskriminiert? Das Problem heißt „Polanyis Paradox“, was sich auf Michael Polanyis Diktum bezieht, das wir mehr wissen als wir sagen können.[20]

---

14 Jentzsch et al., 2019.
15 Jentzsch et al., 2019.
16 Fron, 10.08.2019.
17 Jentzsch et al., 2019.
18 Ramge, 2019, 26.
19 Ramge, 2019, 26.
20 Polanyi, 1985, 14. Zu Polanyi vgl. Losch, 2011, Kap. 7; Losch, 2014.

Auch Maschinen wissen sozusagen mehr, als sie dem Menschen erklären können.[21] Im Umkehrschluss bedeutet dies allerdings auch: „wenn der Mensch merkt, dass ein KI-System Fehler macht, kann er diese Fehler kaum beheben."

Dazu kommt die Schwierigkeit, dass Menschen den Maschinen gerne ein rationaleres Verhalten zutrauen als menschlichen Entscheidungsträgern, der sogenannte *Automation Bias*.[22] Dabei ist das Verhalten der Maschinen ja schlicht von Menschen programmiert bzw. aus menschlichen Daten induziert worden und dadurch durchaus ebenso mit dem menschlichen Makel behaftet.

Moralische Dilemmata

Eine unkritische Haltung gegenüber maschinellen Entscheidungen bzw. genau genommen Entscheidungsvollzügen wäre daher fatal. Es bleibt durchaus auch die Frage, ob man Maschinen überhaupt moralische Entscheidungen in diesem Sinne ‚überlassen' will, denn sie besitzen ja kein *Bewusstsein* und daher wohl auch keine eventuellen Gewissensbisse. Ihre Moral ist gewissermaßen „simuliert". Dies betrifft auch selbstfahrende Autos, die vor Entscheidungsdilemmata gestellt werden könnten, die oft nach dem folgenden Schema konstruiert sind:

Ein autonomes Fahrzeug steuert auf eine Mutter mit Baby im Kinderwagen und eine Gruppe mit fünf Senioren zu. Es muss entscheiden, wen es über den Haufen fährt: Mutter und Baby, die zusammen voraussichtlich noch 150 Jahre leben, oder die fünf Senioren mit einer kollektiven Lebenserwartung von 50 Jahren.[23]

Etwas realistischer (und weniger makaber) ist vielleicht das Szenario, entweder in eine Passantengruppe fahren zu müssen, oder einen Crash in einer seitlichen Betonwand zu provozieren, um die Passanten zu retten – was wiederum den Passagier des autonomen Fahrzeuges in sehr ernste Gefahr bringt. Hier ist es wohl so, dass die Bevölkerung zwar *generell* Fahrzeuge bevorzugen würde, die im Zweifel die Passanten schonen, aber nicht unbedingt, wenn es um das *eigene* Fahrzeug geht, es wäre also die Frage, ob sie überhaupt ein autonomes Vehikel *kaufen* würden, wenn es sich in diesem Sinne als für den Fahrer selbst gefährlich konstruiert erweisen sollte. Dies wiederum könnte die Verbreitung autonomer Fahrzeuge erheblich hemmen, und insgesamt die Zahl der Verkehrstoten oben halten, denn autonome Fahrzeuge sind ja insgesamt schon erheblich verkehrssicherer als menschlich gesteuerte.[24] Und es gibt noch viel mehr Faktoren,

---

21 Ramge, 2019, 27.
22 Wikipedia, 22.02.2021.
23 Ramge, 2019, 93.
24 Greene, 2016.

die bei einer realistischen ethischen Bewertung selbstfahrender Fahrzeuge eine Rolle spielen sollten, z.B. die Qualität der Sensoren, die man einbaut, und die selbstverständlich für die Voraussicht der Fahrentscheidungen, die das Fahrzeug trifft, entscheidende Bedeutung haben.[25] Als sich im März 2018 zwei Unfälle mit autonomen Fahrzeugen ereigneten, versagten bei dem Vehikel des Fahrdienstes Uber die Sensoren, während der der Testpilot abgelenkt war. Eine Passantin, die ein Fahrrad außerhalb des Zebrastreifens über die Straße schob, wurde beim Überqueren der Straße erfasst und verstarb. Das Fahrzeug hatte die Fahrt nicht verlangsamt.[26] Im selben Monat verunglückte ein Tesla, weil der Fahrer die wiederholte Aufforderung, wieder die Kontrolle über das Fahrzeug zu übernehmen, ignorierte.[27]

Die Frage, ob man Maschinen moralische Entscheidungen überlassen will, betrifft nun nicht nur selbstfahrende Fahrzeige, sondern auch intelligente Waffensysteme. Roboter sollten nach Ansicht einiger daher niemals eigenmächtig ,entscheiden' dürfen, ob sie einen Menschen töten dürfen oder nicht.[28] So argumentiert z.B. Peter Asaro, im Jahr 2009 Mitbegründer des International Committee for Robot Arms Control (ICRAC). Dieses setzt sich für ein internationales Verbot autonomer Waffensysteme ein und hat sich 2012 einer Koalition von NGOs angeschlossen hat, um die *Campaign to Stop Killer Robots* zu bilden. Die Kampagne hat erfolgreich Diskussionen über autonome Waffen im Rahmen des Übereinkommens der Vereinten Nationen über konventionelle Waffen (CCW) eingeleitet und versucht, diese Gespräche über Vertragsverhandlungen voranzutreiben.[29]

Wer bezahlt, wenn Alexa bestellt?[30]

Können Maschinen in moralischer Hinsicht Fehler machen? Turing unterscheidet zwischen technischen Fehlfunktionen und logischen Fehlschlüssen. Bei der fehlerhaften Programmierlogik versagt der Mensch, der programmiert, bei ersteren aber die Maschine, was eine Möglichkeit darstellt, die oft übersehen werde, so Turing.[31] In gewissem Sinne ist so etwas 2017 auf moralischer Ebene – zum Glück aber in einem harmlosen Kontext – passiert.

---

25 Holstein et al., 05.02.2018.
26 Levin/Wong, 2018.
27 Brand, 2018, 87.
28 Peter Asaro in Fron, 10.08.2019.
29 Asaro.
30 Zum Folgenden siehe Brand, 2018, 85ff.
31 TURING, 1950, 449.

Die kuriose Geschichte, die sich wirklich ereignet hat, betrifft Amazons smarten Lautsprecher *Echo*, auf dem der Sprachassistent Alexa installiert ist. Über Alexa kann man z.B. per Spracheingabe im Internet suchen, mit zusätzlichen Interfaces auch das Licht in der Wohnung steuern und vor allem natürlich auch bei Amazon bestellen, wohlmöglich mit der aktivierten 1-Click-Option, so dass keine weitere Kontrolle des Verkaufsprozesses stattfindet. Alexa hört nun auch auf die Stimmen von spielenden Kindern. Ein Fall ereignete sich in Dallas, Texas, als eine Sechsjährige das neue Amazon Echo ihrer Familie fragte: "Kannst du mit mir Puppenhaus spielen und mir ein Puppenhaus kaufen?" Das Gerät befolgte bereitwillig und bestellte ein Puppenhaus, zusätzlich zu „vier Pfund Zuckerkeksen". Die Eltern erkannten schnell, was passiert war und haben seitdem einen Code hinzugefügt, der Einkäufe autorisieren muss. Das Puppenhaus haben sie einem lokalen Kinderkrankenhaus gespendet. Die Geschichte hätte hier enden können, wenn sie nicht in einer lokalen Morgenshow in den News von San Diego gelandet wäre. Am Ende der Geschichte bemerkte Moderator: „Ich liebe es, wie das kleine Mädchen sagt: Alexa hat mir ein Puppenhaus bestellt", also auf englisch: „Alexa ordered me a dollhouse". Das klingt aber nun fast genauso wie: „Alexa, order me a doll house", also eine Anweisung an Alexa, so ein Puppenhaus sofort zu kaufen. *Echo*-Besitzer, die die Sendung sahen, fanden heraus, dass die Bemerkung Bestellungen auf ihren eigenen Geräten ausgelöst hatte.[32]

Wer bezahlt nun für die unerwünschten Puppenhäuser? Man kann diese Frage ethisch unterschiedlich verorten, die Maschinenethik tangiert es allerdings kaum.[33] Betrachtet man sie aus dem Blickwinkel der *Technikethik*, liegt die Verantwortung beim Nutzer, der Kaufentscheidungen durch ein Password schützen lassen könnte und müsste. *Ingenieursethisch* betrachtet hätte man diesen möglichen Fehlschluss des Gerätes vorhersehen und es so bauen müssen, dass er gar nicht möglich wäre, also zumindest ab Werk höhere Sicherheitsvorkehrungen treffen müssen. *Roboterethisch* schließlich ist das aufgetretene Problem weder die Schuld des Fernsehmoderators noch die des Herstellers oder Nutzers. Vielmehr bedarf es einer gesellschaftlichen Regel wie mit dem Problem umzugehen ist: z.B. könnten automatische Käufe generell untersagt werden, das wäre relativ scharf und würde die bekannt und beliebte *1-click-option*

---

32 Liptak, 2017.
33 Zur Unterscheidung der verschiedenen relevanten Ethikbereiche, siehe Brand, 2018, 24–34.

von Amazon eliminieren. Einfacher demgegenüber ist die geltende Regel des befristeten Rückgaberechts.

Gibt es überhaupt eine Maschinenethik?

Generell wurde vorgeschlagen, zwischen *Performanz* und *Kompetenz* zu unterscheiden.[34] Dahinter steht folgende Frage: Auch wenn sie sich intelligent *verhalten*, verfügen die vorgestellten Maschinen wirklich über Intelligenz? Für diese Frage relevant ist das diesbezüglich kritische Gedankenexperiment von John Searle, das sogenannte ‚Chinesische Zimmer‘.[35]

Stellen Sie sich vor, jemand ist in ein Zimmer eingeschlossen. Durch eine kleine Öffnung des Raumes bekommt er Karten mit chinesischen Schriftzeichen zugeteilt. Die Person im Zimmer spricht zwar kein Chinesisch, hat jedoch vor Betreten des Raumes ein (in seiner eigenen Sprache verständliches) Manual ausgehändigt bekommen, das ihm erlaubt für einen entsprechenden chinesischen Schriftsatz jeweils eine passende chinesische Antwort zu schreiben – ohne dass er selbst auch nur ein Wort Chinesisch versteht.

Nach Searle legt das Gedankenexperiment nahe, dass unabhängig davon, wie intelligent ein Computer erscheint, er niemals *wirklich* denken oder gar verstehen wird. Er ist nur mit geistlosen Berechnungen beschäftigt. Und wenn er bereits zum Verstehen nicht in der Lage ist, wird er auch kaum je ein Bewusstsein besitzen,[36] was ja auch für jede Form von ethischer Kompetenz entscheidend wäre. Das bedeutet also angewendet auf das Gebiet der Maschinenethik: Maschinen können zwar ggf. moralisch *performen*, besitzen deswegen aber noch keine moralische *Kompetenz*. Eine Maschinenethik im eigentlichen Sinne *kann* es dann nicht geben.

Es gibt allerdings noch die sog. „systemische Antwort" auf Searles Gedankenexperiment, die betont, dass es ja nicht wichtig ist, ob eine Komponente des Systems chinesisch versteht, sondern nur, ob das System als Ganzes chinesisch antworten kann.[37] So ist es ja auch bei uns: wir verstehen eine Sprache, auch wenn einzelne dazu erforderliche Komponenten wie bestimmte Teile des Gehirns, dazu allein nicht in der Lage wären. Diese systemische Antwort hebelt also Searles Gedankenexperiment aus.[38]

---

34 Brooks, 2017.
35 Searle, 1980.
36 Schneider, 2019, 21.
37 Schneider, 2019, 21 verweist auf den Diskussionsteil in Searle, 1980.
38 Man kann allerdings fragen, ob ein System wie das chinesische Zimmer denn komplex genug wäre, um Bewusstsein haben zu können, denn unserer Kenntnis nach

Maschinen mit Seele?

Nur wenn Maschinen einmal Bewusstsein und zudem einen freien Willen entwickeln, können sie auch wirklich Entscheidungen treffen. Searle wollte mit
dem chinesischen Zimmer ja gerade demonstrieren, dass dieses Konstrukt
keine intrinsische Intentionalität, also kein Bewusstsein besitzt. „Um zu denken genügt es demnach nicht, Zustände mit einer bestimmten Bedeutung zu
haben, sondern diese Bedeutung muss auch bewusst sein."[39]

Was ist nun unter Bewusstsein zu verstehen? Wir berühren hier Fragestellungen aus der Philosophie des Geistes. Man kann in diesem Sinne mit dem
Philosophen Ned Block ein *Zugangsbewusstsein* von einem *phänomenalen
Bewusstsein* unterscheiden. „Ein Zustand ist zugangsbewusst, wenn er in rationalen Überlegungen und zur rationalen Kontrolle von Handlungen verwendet
werden kann."[40] Oft schließt dies den sprachlichen Ausdruck ein. Das Konstrukt des chinesischen Zimmers hätte also diese Form des Bewusstseins durchaus.

Das *phänomenale* Bewusstsein, welches ein anderer Ausdruck für unsere
subjektive Erlebensqualität ist, bliebe dem Konstrukt des chinesischen Zimmers jedoch vorenthalten. Es könnte wohl kommunizieren, was die Farbe rot
bedeutet oder was es bedeutet Schmerz zu empfinden, aber sein Insasse hätte
diese sinnlichen Qualitäten niemals selbst erfahren.[41]

Die Frage nach dem freien Willen will ich hier nun nicht auch noch disku-
tieren. Letztendlich führen diese Fragen auf die Suche nach so etwas wie der
Seele, womit ich das meine, was uns Menschen zu Menschen macht. Können
Maschinen eine Seele haben?

Genauso könnte man nun auch die Frage an uns selbst stellen: woher wissen wir, dass wir selbst beseelt sind und nicht seelenlose Überlebensmaschinen,
deren entscheidungsfähiges Selbst eine nützliche Illusion in einem determi-
nierten Weltablauf ist?

Wer nicht an so etwas wie eine Seele glaubt, wird vielleicht keine grundsätzlichen Schwierigkeiten sehen, zukünftiger künstlicher Intelligenz alles Mögliche zuzutrauen. Dies möchte ich hier nur als Hypothese festhalten.

---

sind bewusste Systeme stets hochkomplex – so zumindest die Ansicht von Susan
Schneider. Schneider, 2019, 22.

39 Misselhorn, 2018, 35.
40 Misselhorn, 2018, 35.
41 Vgl. dazu Au, 2011, 72ff.

Superintelligenz?

Mit einigen Gedanken von Thomas Ramge, die uns an den Anfang dieses Beitrages erinnern, möchte ich zu einem Abschluss kommen.

Nick Bostrom, Philosoph in Oxford, bietet in seinem von Bill Gates drin-
gend empfohlenen Bestseller *Superintelligenz*[42] die aktuelle Fassung des
Frankenstein-Mythos. „Bostrom beschreibt darin verschiedene Szenarien, wie
künstlich intelligente Systeme sich verselbstständigen können, sobald sie die
kognitiven Fähigkeiten von Menschen übertrumpfen."[43] Er erwartet eine ‚Intelligenzexplosion':

> Sobald Maschinen schlauer sind als Menschen, könnten sie binnen Monaten, viel-
> leicht sogar binnen Minuten immer intelligentere Versionen von sich selbst erschaf-
> fen. Rückkopplungsschleifen führten so zu exponentiellem Intelligenzwachstum, und
> das erste System, so spekuliert der Philosoph, hätte dann einen wahrscheinlich unein-
> holbaren Entwicklungsvorsprung. Der *first mover advantage* des Systems könnte
> dann einen sogenannten Singleton hervorbringen und damit ‚eine Weltordnung, auf
> der es auf globaler Ebene nur noch einen einzigen Entscheidungsträger gibt'.[44]

Bostrom ist hier kritischer als der Erfinder, Google-Forscher und Leiter der
Singularity University Ray Kurzweil[45]. Bostrom „hält es für wahrscheinlich,
dass sich ein superintelligentes System gegen menschliche Eingriffe zu schützen weiß"[46] und hofft nicht darauf,

> dass der Singleton die menschlichen Dinge im Sinne der Menschen regelt und dies
> besser bewerkstelligt, als wir es selbst können. Menschliches Denken wäre der Supe-
> rintelligenz vermutlich ‚so fremd wie uns Menschen heute das Denken der Kakerla-
> ken'. Die Superintelligenz muss sich in diesem Szenario nicht einmal in bösartiger
> Absicht gegen den Menschen wenden, um seine Existenz zu gefährden. Es reichte
> bereits aus, wenn der Mensch der allmächtigen Maschine völlig egal wäre.[47]

Ramge hält fest: „Bostroms Horrorszenarien im Konjunktiv wirken mitunter
leicht esoterisch, doch seine Kernbotschaft findet auch Resonanz bei Menschen, die sich mit intelligenten Maschinen auskennen."[48]

---

42 Bostrom, 2016.
43 Ramge, 2019, 83.
44 Ramge, 2019, 83.
45 Vgl. Kurzweil, 2010.
46 Ramge, 2019, 83.
47 Ramge, 2019, 83f.
48 Ramge, 2019, 83f.

Transhumanismus

Allerdings sehe die grosse Mehrheit der KI-Forscher und Entwickler in Bostroms Buch einen geschickten Mix aus Alarmismus und Selbstvermarktung.

Auch Ray Kurzweils These zur kurz bevorstehenden Singularität halten sie mehrheitlich für wissenschaftlich und technisch unseriös. Kurzweil geht davon aus, dass Computer 2045 den Menschen in nahezu sämtlichen Fähigkeiten übertreffen und die Weltgeschichte in die Phase des ,Transhumanismus' übergeht. Dann wird Menschen das Verdienst zukommen, eine gottähnliche Intelligenz geschaffen zu haben. Auch wenn die Mehrheit der Forschergemeinde grundsätzlich anerkennt, dass die Kontrolle von KI-Systemen eine Frage ist, die Wissenschaftler im Auge behalten müssen, so wehren sie sich sowohl gegen das Spiel mit Vernichtungsphantasien als auch das mit Heilsversprechen von technoreligiösem Charakter. Sie werfen Apokalyptikern und Euphorikern gleichermaßen vor, von den *tatsächlichen* Entwicklungsprozessen und Schwierigkeiten in der *schwachen* KI wenig zu verstehen und deshalb den alten Phantasien der *starken* KI immer wieder auf den Leim zu gehen. Es gibt gute Gründe für Gelassenheit, und zwar sehr viel mehr als für Panik.[49]

Ramge hält fest:

Zurzeit ist kein Entwicklungspfad erkennbar, der eine Intelligenzexplosion wahrscheinlich macht. Hirnforscher weisen darauf hin, dass bei allen Fortschritten in der KI im Grundsatz nach wie vor das Bonmot von Pablo Picasso gilt: ,Computer sind dumm, denn sie können keine Fragen stellen.' Computer können Rechenregeln unfassbar schnell anwenden und damit bekannte Probleme lösen, aber unbekannte Probleme können sie nicht identifizieren. Sie erkennen Muster in gigantischen Datenmengen, doch im datenfreien Raum haben sie keine Orientierung.[50]

Sie können sich und ihre Regeln, anders als der Mensch, vor allem nicht selbst hinterfragen oder wirklich Neues schaffen.

Es gibt Ansätze zu künstlicher Kreativität, doch die Maschine würfelt dafür nur Vorschläge zu bekannten Problemen aus und fragt dann den Menschen, ob die Lösung gut ist. Auch hier ist nicht erkennbar, dass die aktuelle KI-Forschung eine Idee hätte, um Maschinen selbst in die Lage zu versetzen, wirklich innovativ zu sein, ohne dass der Mensch zuvor das Problem definiert.[51]

---

49 Ramge, 2019, 84f. *Kursiv* vom Vf.
50 Ramge, 2019, 86.
51 Ramge, 2019, 85f.

Ein auch theologisches Fazit

Als Fazit lässt sich mit Ramge festhalten:

> „Das Getöse im Konjunktiv über das Ende der menschlichen Spezies durch Supe-
> rintelligenz könnte eine unerwünschte Nebenwirkung haben. Es lenkt von den sehr
> realen Gefahren ab, die die rasche Entwicklung schwacher KI mit sich bringt. Die
> wichtigsten Gefahren lassen sich unter drei Schlagworten zusammenfassen: Monopo-
> lisierung von Daten, Manipulation des Einzelnen, Missbrauch durch Regierungen.“[52]

Darauf acht zu geben ist sicher auch eine Aufgabe der theologischen Ethik.
Theologie muss daher Vorsicht walten lassen, dass sie sich nicht zu sehr auf die
Gedankenspiele des Transhumanismus einlässt und die Grenzen von futuristi-
scher Science-Fiction und Wirklichkeit noch zu erkennen vermag. Dabei muss
sie allerdings wiederum bedenken, dass diese Grenzen im Laufe des technologischen Fortschritts – zumindest teilweise – durchaus fließend sind. Zu leicht
verwechselt Theologie meiner Beobachtung nach den Gabecharakter der Welt
mit den gegenwärtigen oder überlieferten Gegebenheiten.

Literaturverzeichnis

Anderson, Michael; Anderson, Susan Leigh: Machine ethics. Cambridge 2018.

Asaro, Peter: About me. https://peterasaro.org/, 05.03.2021.

Au, Christina aus der: Im Horizont der Anrede. Das theologische Menschen-
bild und seine Herausforderung durch die Neurowissenschaften. (Religion,
Theologie und Naturwissenschaft / Religion, Theology, and Natural Science
(RThN), Band 025) Göttingen 2011.

Beißert, Hanna M.; Hasselhorn, Marcus: Individual Differences in Moral
Development: Does Intelligence Really Affect Children's Moral Reasoning
and Moral Emotions? Frontiers in psychology 7 (2016), 1–19.

Bostrom, Nick: Superintelligenz. Szenarien einer kommenden Revolution. Berlin 2016.

Brand, Lukas: Künstliche Tugend. Roboter als moralische Akteure. Regens-
burg 2018.

Brooks, Rodney: Die Verwechslung von Performanz und Kompeten. In: Brock-
man, John (Hrsg.): Was sollen wir von Künstlicher Intelligenz halten?
Die führenden Wissenschaftler unserer Zeit über intelligente Maschinen.
(Fischer, Bd. 29705) Frankfurt am Main 2017, 149–152.

---

52 Ramge, 2019, 87.

Fron, Carina: Moral ohne Bewusstsein. https://www.deutschlandfunk.de/
kuenstliche-intelligenz-moral-ohne-bewusstsein.684.de.html?dram:article
_id=456028, 05.03.2021.

Goethe, Johann Wolfgang von: Der Zauberlehrling. In: Sämtliche Werke.
Briefe, Tagebücher und Gespräche. Frankfurter Ausgabe in 40 Bänden. (I
Gedichte 1756–1799) 1987, 683–686.

Greene, Joshua D.: ETHICS. Our driverless dilemma. Science (New York, N.Y.)
352 (2016), 1514–1515.

Holstein, Tobias; Dodig-Crnkovic, Gordana; Pelliccione, Patrizio: Ethical and
Social Aspects of Self-Driving Cars 05.02.2018.

Jentzsch, Sophie; Schramowski, Patrick; Rothkopf, Constantin; Kersting, Kris-
tian: Semantics Derived Automatically from Language Corpora Contain
Human-like Moral Choices. In: Conitzer, Vincent (Hrsg.): Proceedings of
the 2019 AAAI/ACM Conference on AI, Ethics, and Society. (ACM Digital
Library) New York,NY,United States 2019, 37–44.

Kohlberg, L.: Stage and sequence: the cognitive-developmental approach to
socialization. In: Goslin, D. A. (Hrsg.): Handbook of Socialization: Theory
and Research. Chicago 1969, 347–380.

Kohlberg, L.: The cognitive-developmental approach to moral education. Phi
Delta Kappan (1975), 670–677.

Kurzweil, Ray: The singularity is near. When humans transcend biology. London 2010.

Levin, Sam; Wong, Julia Carrie: Self-driving Uber kills Arizona woman in first
fatal crash involving pedestrian. https://www.theguardian.com/technology/
2018/mar/19/uber-self-driving-car-kills-woman-arizona-tempe, 05.03.2021.

Liptak, Andrew: Amazon's Alexa started ordering people dollhouses after hea-
ring its name on TV. https://www.theverge.com/2017/1/7/14200210/amazon-
alexa-tech-news-anchor-order-dollhouse, 05.03.2021.

Losch, Andreas: Jenseits der Konflikte. Eine konstruktiv-kritische Auseinandersetzung von Theologie und Naturwissenschaft. (Forschungen zur systematischen und ökumenischen Theologie, Band 133) Göttingen 2011.

Losch, Andreas: Glauben als Grundlage – Die Rezeption Michael Polanyis
im Gespräch von Theologie und Naturwissenschaften. In: Jung, Eva-Maria
(Hrsg.): Jenseits der Sprache. Interdisziplinäre Beiträge zur Wissenstheorie
Michael Polanyis. Münster 2014, 107–140.

Misselhorn, Catrin: Grundfragen der Maschinenethik. (Reclams Universal-
Bibliothek, Bd. 19583) Ditzingen 2018.

Polanyi, Michael: Implizites Wissen. (Suhrkamp-Taschenbuch Wissenschaft)
Frankfurt am Main 1985.

Ramge, Thomas: Mensch und Maschine. Wie künstliche Intelligenz und Roboter unser Leben verändern. (Was bedeutet das alles?, Nr. 19499) Ditzingen, Altusried-Krugzell 2019.

Rest, James; Narvaez, Darcia; Bebeau, Muriel; Thoma, Stephen: A Neo-Kohlbergian Approach: The DIT and Schema Theory. Educational Psychology Review 11 (1999), 291–324.

Schneider, Susan: Artificial you. AI and the future of your mind. Princeton, NJ 2019.

Searle, John R.: Minds, brains, and programs. Behavioral and Brain Sciences 3 (1980), 417–424.

TURING, A. M.: I.—COMPUTING MACHINERY AND INTELLIGENCE. Mind LIX (1950), 433–460.

Wikipedia: Ex Machina (Film) https://de.wikipedia.org/wiki/Ex_Machina_(Film), 04.03.2021.

Wikipedia: Automation bias. https://en.wikipedia.org/wiki/Automation_bias, 05.03.2021.

Markus Iff

Vernunft, Denksinn und Weisheit – Anthropologisch-theologische Perspektiven zur Künstlichen Intelligenz

Abstract: From a theological perspective, the development of information technology systems and AI raises questions about the proprium of human intelligence and its body-relatedness and body-boundness. How can the understanding dimension of human intelligence in the sense of phenomenal and intentional consciousness, which is a necessary condition for the emergence of language, communication, sociality, science and religion, be constructively related to formalizable and rule-oriented processes? Faith and theology are concerned with dimensions of creaturely life that are not instrumentalizable, formalizable, and constructible, yet fundamental to human life. AI systems extend human interaction with the reality of the world, even if they do not replace human interaction.

Der Direktor des schweizerischen Forschungsinstituts für Künstliche Intelligenz (KI), Jürgen Schmidhuber, prognostizierte im Jahr 2018, dass man in einigen Jahrzehnten das Wesen der Intelligenz vollständig verstanden haben und Maschinen bauen werde, die viel klüger als der Mensch seien. Ein neues, künstliches Leben werde entstehen, das robust sei und die Milchstraße und schließlich das ganze Universum kolonisieren und intelligent machen werden werde.[1] Man muss derlei Prognosen nicht teilen. Der Physiker und Neurobiologe Christoph von der Malsburg etwa räumt ein, dass die gegenwärtigen KI-Systeme zwar Mustererkennung beherrschen, jedoch kein kognitives, erkenntnismäßiges Verständnis entwickeln. Bereits in den 1980er Jahren gelangten Forscher auf dem Gebiet der Künstlichen Intelligenz zu der Erkenntnis, dass es relativ einfach ist, Computern vermeintlich hohe kognitive Leistungen, wie z. B. das Schachspielen, beizubringen. Ungleich schwerer ist es, ihnen Fähigkeiten zu verleihen, die für ein dreijähriges Kind selbstverständlich sind: beispielsweise Wahrnehmung, Mobilität und manuelle Manipulation der Umwelt. Mit anderen Worten: Das, was Menschen automatisch und ohne bewusste Mühe tun, ist für KI die eigentliche Herausforderung. Was Menschen jedoch aneinander bewundern, etwa die Fähigkeit siebenstellige Zahlen im Kopf zu multiplizieren,

---

einen Großmeister im Schach zu schlagen oder sich Hunderte von Begriffen zu merken, ist mit Maschinen einfach zu realisieren. Diese Einsicht bezeichnet man als Moravecs Paradox, benannt nach Hans Moravec, einem Pionier der Erforschung der KI.[2] Auf dem Hintergrund von Moravecs Paradox sind bestimmte Errungenschaften KI als „einfach" zu erzielenden Fähigkeiten einzuschätzen.[3] Andererseits ändert sich gegenwärtig die Situation durch die Entwicklung von KI-Systemen: Sie werden lernfähig,[4] sie können auch in scheinbar unstrukturierten Daten Muster erkennen, sie können mit komplexen und nicht komplett in ein formales Regelwerk transformierbaren Phänomenen wie Sprache umgehen. Solche lernfähigen Systeme erhalten ihre Kompetenzen nicht durch einen festen Algorithmus, sondern durch eine Verbindung von fest programmierten Strukturen und erfahrungsbezogenen Training. Solche lernfähigen Systeme nutzen neuronale Netzwerke, deren Funktionsweise an die des menschlichen Gehirns anknüpft.[5]

Mit dieser kurzen Skizze zur Entwicklung, zur Reichweite und den Folgen der KI sind Fragen eingespielt, die für Anthropologie, Ethik und Theologie relevant sind: Was ist das Spezifische menschlicher Intelligenz und wie ist sie zur KI ins Verhältnis zu setzen? In welcher Hinsicht dienen informationstechnische KI-Systeme der Menschheit und in welcher Hinsicht verliert der Mensch seine *differentia specifica* als *animal rationale* wie beispielsweise in Theorien eines Transhumanismus? Welche ethischen Fragen in Bezug auf KI-Systeme bzw. sogenannte autonome Systeme lassen sich identifizieren?[6] Welche Wahrnehmungen und Interpretationen bringt die Theologie in den Diskurs um die Bestimmung und den Gebrauch künstlicher Intelligenzsysteme ein?

---

2 Moravec, 1999.

3 Als Beispiele seien das Programm AlphaGo (Google) genannt, das den Weltmeister im Brettspiel Go besiegte, oder IBM Watson, ein Computerprogramm, das wohl jeden Menschen im Spiel Jeopardy! besiegt (wobei nicht klar ist, ob Watson auch gegen einen Menschen gewinnen könnte, der Zugang zu großen Datenmengen hat, so wie Watson) und nicht zuletzt Deep Blue, das Programm, das bereits 1997 den Schachweltmeister Gary Kasparow besiegte.

4 Wobei hier noch genauer zu explizieren wäre, welche spezielle Form des „Lernens" gemeint ist. Dazu Marquard, 2017, 23f.

5 Meist wird summarisch von maschinellem Lernen (ML) gesprochen, in dem z. B. Deep Learning (DL) oder Reinforced Learning (RL) Teilbereiche sind. Dazu Goodfellow et al., 2016.

6 Brendel, 2016.

Im Folgenden wird zunächst erkundet, wie in theologischer Perspektive im ausgehenden 20. und frühen 21. Jahrhundert KI wahrgenommen und eingeordnet wird. Daran anschließend werden Argumentationen zur grundlegenden Unterscheidung von künstlicher und natürlicher Intelligenz diskutiert. Abschließend wird – ausgehend vom Spezifikum menschlicher Intelligenz und einer beobachtbaren Anthropomorphisierung technischer Entitäten – KI in anthropologisch-theologischer Perspektive kritisch gewürdigt.

Wahrnehmungen und Interpretation zur KI in der Theologie

Die Theologie konzentriert sich im ausgehenden 20. und frühen 21. Jahrhundert in der Diskussion zur KI zunächst auf die Frage, inwiefern geistige Prozesse durch von Menschen hergestellte Maschinen simuliert werden können. Beispielhaft dafür ist die Reflexion und Einordung technischer Vorgänge von daten- und informationsverarbeitenden Prozessoren durch den evangelischen Theologen Eilert Herms. Er argumentiert, dass bei diesen Vorgängen von „künstliche(r) Intelligenz"[7] zu sprechen sei. Es handelt sich, so Herms, bei den Prozessoren um rekonstruktive Nachbildungen von geistigen Prozessen, die als menschliche Erkenntnisprozesse an die Organisation des Sinnesapparates und des Nervensystems gebunden sind. Dafür sind vier Aspekte konstitutiv: Sineswahrnehmung, die interne Symbolisierung von Sinnesdaten und die Speicherung symbolisierter Sinnesdaten; sodann ihre logische Verarbeitung; und durch Zusammenfassung von diesem allen schließlich: Lernen als progressiver Aufbau eines inneren Bildes der Welt, das die Interaktion des Organismus mit seiner Umwelt orientiert. In dem Begriff „künstliche Intelligenz" ist semantisch fixiert, dass es sich hier um die Nachbildung bzw. Simulation der für das Denken wesentlichen Informationsverarbeitungsprozesse handelt. Herms sieht die KI in einem grundlegenden Abhängigkeitsverhältnis von der natürlichen Intelligenz, sodass die funktionstüchtige und leistungsstarke künstliche Intelligenz nur durch das Urbild, die natürliche Intelligenz, existiere. Dieser konstitutive und bleibende Unterschied ist das elementare Kriterium für die Beurteilung von KI und die sich durch sie ergebenden sozialethischen Probleme, die Herms als Ersetzungsprobleme und Abhängigkeitsprobleme analysiert.[8] Der Fortschritt im Einsatz von KI beseitigt zwar nicht deren grundsätzliche Abhängigkeit von natürlicher Intelligenz, schränkt aber die Bereiche immer mehr ein, in

---

7   Herms, 1991.
8   Herms, 1991, 293f.

denen die Fähigkeiten und Funktionen natürlicher Intelligenz ihren Trägern soziales Ansehen verschaffen. Die Abhängigkeit wird dort zum Problem, wo die von KI ausgeübten Kompetenzen von den Trägern menschlicher Intelligenz nicht mehr erworben werden.

Der Hallenser systematische Theologe Dirk Evers rekonstruiert eine Theorie der KI auf der Basis der Theorie der Turing-Maschinen des britischen Mathematikers und Computerwissenschaftlers Alan M. Turing[9] und kommt zu dem Schluss, dass es aus theologischer Sicht unproblematisch sei, solchen Maschinen sowie selbstständig agierenden und auf ihre Umwelt reagierenden Robotern und computergesteuerten Entscheidungssystemen Intelligenz zuzuschreiben und diese als „künstliche Intelligenz" zu apostrophieren.[10] Intelligenz meint in diesem Fall, dass es sich auf der Grundlage von Algorithmen um regelgeleitete Prozesse handelt, die in Verfolgung vorgegebener Ziele auf externe, in symbolisierter Form prozessierte Daten mit angemessenen Reaktionen antworten und womöglich die auf die erteilte Antwort erfolgenden Reaktionen noch einmal in Bezug auf die verfolgten Ziele analysieren, um die sie steuernden Regeln zu optimieren. Evers argumentiert im Anschluss an das von Turing entdeckte Halteproblem in der Eigenart seiner Turing-Maschinen und unter Zuhilfenahme der beiden Unvollständigkeitssätze des Mathematikers Kurt Gödel (1906–1978)[11], dass die Prinzipien künstlicher Intelligenz lediglich notwendige und nicht hinreichende Kriterien zur Bestimmung von Intelligenz sind. Denn natürlich verstehende Systeme sind semantisch offene Systeme, die die Differenz von Objekt- und Metasprache in sich selbst noch einmal generieren. Daraus zieht Evers den Schluss, „dass die Quellen des menschlichen Intellekts nicht vollständig formalisiert wurden und dass dies auch in Zukunft nicht möglich ist"[12]. Anders formuliert: die Verstehensdimension menschlicher Intelligenz im Sinne von phänomenalem (Hintergrundrauschen unseres Organismus) und intentionalem Bewusstsein, die eine notwendige Bedingung für die Entstehung von Sprache, Kommunikation, Sozialität, Wissenschaft und Religion ist, kann nicht vollständig auf formalisierbare und regelorientierte Prozesse reduziert werden. Freilich, so räumt Evers ein, ist es denkbar, dass Systeme künstlicher Intelligenzen hergestellt werden können, die lernende

---

9   Alan M. Turing (1912–1954), britischer Mathematiker, Logiker und Computerwissenschaftler, entwickelte 1936/37 die Theorie der nach ihm benannten Turing-Maschinen.

10 Evers, 2005, 102.

11 Gödel, 1931, 173.

12 Nagel/Newmann, 2003, 99.

Systeme sind (deep learning) und bei denen sich so etwas wie Bewusstsein im Sinne von semantischem Verstehen im Laufe von Lernprozessen einstellt.

An solche Überlegungen schließt Benedikt Paul Göcke an, der sich mit den neuesten Entwicklungen der künstlichen Intelligenz und synthetischen Biologie auseinandersetzt.[13] Er identifiziert in der gegenwärtigen Forschung zu KI verschiedene Vorgehensweisen, wie Computerprogramme anhand von Algorithmen und einer physikalischen Hardware dazu gebracht können, komplexe Ziele eigenständig zu erreichen. Neben den sogenannten Expertensystemen, die unter Rückgriff auf ihre Datenbanken mithilfe logischer Schlussregeln auf einen spezifischen Input einen genau bestimmten Output generieren, finden sich evolutionäre Verfahren der Identifizierung der für eine geeignete Aufgabe geeigneten Algorithmen. Und es finden sich Ansätze, die virtuelle Maschinen konstruieren, die an die Funktionsweise des menschlichen Gehirns angelehnt sind und daher als künstliche neuronale Netzwerke bezeichnet werden. Das Gemeinsame der unterschiedlichen Ansätze der KI-Forschung besteht darin, dass sie prinzipiell in der Lage sind, eine für das Erreichen komplexer Ziele notwendige Fähigkeit zu implementieren: die Fähigkeit, aus vergangenem Verhalten zu lernen. Die Zielsetzung der KI-Forschung sieht Göcke mit dem australischen Informatiker und Kognitionswissenschaftler Rodney Brooks darin, „vollständig autonome mobile Agenten zu bauen, die in der Welt mit den Menschen koexistieren und von diesen als intelligente Wesen eigener Art wahrgenommen werden"[14]. Es ist die Lernfähigkeit der KI, welche sie von allen bisherigen Technologien unterscheidet und ihr enormes Potenzial zur Veränderung der individuellen und gesellschaftlichen Lebenswirklichkeiten der Menschen ausmacht. Göcke fordert die Theologie auf, anhand von geschichtstheologischen Narrativen anthropologische, theologische und ethische Ideale zu spezifizieren. Anhand solcher spezifizierten und im öffentlichen Diskurs begründeten Ideale könnte und sollte die Gestaltung und der Einsatz neuer Technologien als Mittel bewertet werden.

Paolo Benanti, Professor für Ethik der Technologien, Bioethik und Moraltheologie an der Gregoriana in Rom, betont, dass die technologische Entwicklung der Information und der als Datenreihe begriffenen Welt sich in den künstlichen Intelligenzen und in den Robotern mittler Weile so konkretisiert, dass man von einer neuen Qualität von Artefakten reden müsse.[15] Diese,

---

13 Göcke/Meier-Hamidi, 2018; Göcke, 2019; Für weitere Analysen und Chancen der neuen Technologie vgl. Lenzen, 2018.
14 Brooks, 1991, 151.
15 Benanti, 2016.

so Benanti, treffen autonome Entscheidungen und koexistieren mit den Menschen. Benanti prognostiziert, dass Systeme der KI bestimmte Dienstleistungen liefern können, die bisher bestimmten Berufen vorbehalten waren: Anwälte, Ärzte und Psychologen könnten effizient durch KI-basierte Bots ersetzt werden.[16] Mit den Big Data gelinge es, so Benanti, die extreme Komplexität sozialer Beziehungen auf eine neue Weise in den Blick zu nehmen und Beziehungen und Zusammenhänge zu erkennen, wo vorher nichts zu sehen war. Die künstlichen Intelligenzen, die die enormen Datenmassen verarbeiten, sind das Makroskop, mithilfe dessen sich das extrem Komplexe mechanistisch erforschen lässt. Ob die so gewonnenen Erkenntnisse wissenschaftlich und inwiefern sie deterministisch oder prädiktiv sind, bedarf freilich noch der Klärung. Die Entwicklung der KI und der mit ihr verbundenen Biotechnologien, stellt aber die Unterscheidung zwischen natürlich und künstlich in Frage und verändert damit ein Wirklichkeitsverständnis, für das die trennscharfe Unterscheidung von natürlich und künstlich konstitutiv ist. Benanti sieht die Theologie herausgefordert, künstliche Intelligenzen und die mit ihnen verbundenen neuen Technologien nicht nur als Hilfsmittel, sondern auch als „Orte" zu betrachten, an denen der Mensch zur Welt in Beziehung tritt.

Fazit: Die anthropologisch-theologischen Reflexionen der künstlichen Intelligenz und der mit ihr verbundenen technologischen Entwicklungen verweisen auf neuralgische Punkte im Blick auf die Bestimmung, Einordnung und Gestaltung künstlicher Intelligenzen und der mit ihnen verbundenen autonomen Systeme. Die Fragen, die sich sowohl an Philosophie als auch an Theologie richten, betreffen die Bestimmung und die Erkenntnis der Wirklichkeit, den Unterschied zwischen natürlich und künstlich, die ethisch reflektierte Gestaltung von Technologien sowie die Frage nach dem Menschen, seiner Leiblichkeit und Freiheit.

Unterscheidung von natürlicher und künstlicher Intelligenz

Die philosophischen-anthropologischen Überlegungen richten sich an dieser Stelle insbesondere auf den Zusammenhang von Gehirn und Bewusstsein. Sie gehen zudem der Frage nach, ob künstliche Intelligenz bewusste Intelligenz ist und inwiefern natürliche und auch menschliche intelligente Systeme nicht bloß formal operierende maschinelle Systeme oder aber weniger leistungsfähige Systeme künstlicher Intelligenz sind. Die Diskurse um künstliche und natürliche

---

16 Dazu: Wenn Maschinen kalt entscheiden, in: DIE ZEIT, Nr. 44, 24. Oktober 2019, 21f.

Intelligenz werden in einem Kontext geführt, in dem ein auf die Verkörperung angewiesenes Wirklichkeitsverständnis in die Defensive geraten ist.[17] Zudem ragt in die Überlegungen zur Verhältnisbestimmung von Gehirn und Bewusstsein und deren Folgen für die Unterscheidung von künstlicher und natürlicher Intelligenz auch der Konflikt um den Naturalismus hinein.

Der Philosoph Thomas Metzinger versteht menschliche Gehirne als „General Problem Solvers" und vergleicht diese mit Flugsimulatoren, die jedoch zugleich Selbstbewusstsein als ein internes Modell zusammen mit den Szenarien der Außenwelt generieren: „Menschliche Gehirne simulieren den Piloten gleich mit"[18]. Allerdings ergibt sich bei dieser Annahme das Problem, wie das Gehirn als ein solcher „Apparat" in der Lage sein könnte, wirkliches Verstehen und semantische Offenheit zu generieren. Diese kritische Frage hatte der Mathematiker Kurt Gödel bereits aufgeworfen. Der Fortschritt der Erkenntnis der Mathematik wie überhaupt aller menschlicher Erkenntnis ist für ihn als immer neue und weiter fragende Sinnklärung zu verstehen, die prinzipiell nicht auf eine endgültige, abgeschlossene Theorie zulaufen kann. Das menschliche Denken kann und muss sich immer wieder selbst in Richtung auf die Gewinnung neuer möglicher Wahrheit und Erkenntnis hin überschreiten:

„Es zeigt sich nämlich, dass bei einem systematischen Aufstellen der Axiome der Mathematik immer wieder neue und neuere Axiome evident werden, die nicht formallogisch aus den bisher aufgestellten folgen [...] eben dieses Evidentwerden immer neuer Axiome auf Grund des Sinnes der Grundbegriffe ist etwas, was eine Maschine nicht nachahmen kann."[19]

Zwar ist es an sich möglich, jede Semantik mit Mitteln der interpretierten Systeme abzubilden und so zu einem Teil des formalen und funktionalen Systems zu machen. Doch gilt dann wiederum, dass sich für ein jedes solches System wahre Sätze aufstellen lassen, die mit den Mitteln des Systems nicht mehr beweisbar sind. Hier legt sich der Schluss nahe, den Ernest Nagel in seiner Interpretation aus Gödels Beweis gezogen hat, „dass die Quellen des menschlichen Intellekts nicht vollständig formalisiert wurden und dass dies auch in Zukunft nicht möglich ist"[20].

Das von Nagel festgehaltene Proprium kann durch Überlegungen zur Leib- und Interessengebundenheit natürlicher Intelligenz erweitert werden. Zum

17 Vgl. dazu Krüger, 2018.
18 Metzinger, 1999, 243.
19 Gödel, 1995, 384.
20 Nagel/Newmann, 2003, 99.

spezifischen Wahrnehmungs- und Vernunftvermögen des Menschen und damit auch menschlicher Intelligenz gehören Körpergebundenheit und Leibbezogenheit. Grundlegend für die Wahrnehmung von Welt ist die Differenz zwischen Wahrnehmendem und Wahrgenommenen. Nur durch die Unhintergehbarkeit dieser Unterscheidung, die ihrerseits nicht wieder durch das erkennende System rekonstruierend eingeholt werden kann, ist zum Beispiel der Aufwand unseres Wahrnehmungsapparates erklärbar, eine einheitliche Erfahrungswelt zu rekonstruieren. Denn bewusstes Erleben ist ein mehr oder weniger vereinheitlichter Eindruck. Immanuel Kant drückt dies folgendermaßen aus:

> „Es ist nur eine Erfahrung, in welcher alle Wahrnehmungen als im durchgängigen und gesetzmäßigen Zusammenhange vorgestellt werden: ebenso wie nur ein Raum und Zeit ist, in welcher alle Formen der Erscheinung und alles Verhältnis des Seins oder Nichtseins stattfinden [...] Die durchgängige und synthetische Einheit der Wahrnehmungen macht nämlich gerade die Form der Erfahrung aus und sie ist nichts anderes als die synthetische Einheit der Erscheinungen nach Begriffen."[21]

Denken im Sinne natürlicher Intelligenz ist eine Verknüpfung von Begriffen, eine *Syn-Thesis*. Für Aristoteles ist Denken eine Zusammenstellung verschiedener Eindrücke, die körperbezogen und wahrnehmungsbasiert sind. Als Lebewesen nehmen Menschen leiblich wahr, wobei im Wahrnehmen Wahrgenommenes und Wahrnehmendes unterschieden werden kann. Wir nehmen nicht nur einzelne Qualitäten oder Dinge in unserer Umwelt wahr, wir nehmen auch wahr, dass wir sehen und hören. Wir verfügen damit über eine höherstufige Einstellung, die man mit Aristoteles als Wahrnehmung von Wahrnehmung charakterisieren kann. Aristoteles bringt dieses spezifische Wahrnehmungsvermögen in Verbindung mit dem Denken und der Einbildungskraft.[22] Die Wahrnehmung kann sich ihrer selbst bewusst werden, weil ihr eine Struktur innewohnt. Unter natürlicher Intelligenz ist im Anschluss an Aristoteles also das Vermögen zu verstehen, Einsicht in die Struktur der Wahrnehmung zu haben und über ihren angemessenen Gebrauch die Verhältnisse der Welt, zu denen sie sich ins Verhältnis setzt, angemessen zu berücksichtigen.

Menschliche Lebewesen nehmen natürlicherweise eine *Welt* wahr, in der sie sind und der sie zugleich gegenüberstehen und sie sich in und körperbezogenen und leibhaften Denkakten synthetisch erschließen. Sie haben nicht bloß ein Selbstmodell als interne formale Repräsentation ihres Weltbezugs, sondern

---

21   Kant, 1781, 170.
22   Aristoteles, 2011, 425a-427b.

sind ein wirkliches Ich, welches freilich auf biologischen Sinnesmodalitäten basiert und sozikulturell bedingt ist. Denn ihre Subjektivität ist in einer anderen, diese umfassenden Ebene enthalten, in der auch die Differenz zwischen Subjekt und Welt wieder eingebettet ist in die soziale Kommunikationsgemeinschaft von Subjekten. Auf dieser Ebene operieren menschliche Lebewesen mit einem synchron wie diachron irreduzibel ausdifferenzierten mentalistischen Vokabular. Wir brauchen den anderen, um ein Selbstverhältnis, um Subjektivität und Personalität entwickeln zu können. Doch auch die Pluralität der Semantiken und der Interpretationen, die wir kommunikativ generieren, kann nicht wiederum in einem Super-System vollständig zusammengefasst werden, ohne sie zu zerstören. Denn auch und gerade unser kommunikatives Handeln kann nicht rein funktional formalisiert werden, denn das Ich des anderen bleibt uns auf direkte Weise unzugänglich.

Der Bonner Philosoph Markus Gabriel argumentiert im Anschluss an Aristoteles und Leibniz mit einem sprachwissenschaftlichen Argument für den in seinen Augen grundlegenden und bleibenden Unterschied zwischen natürlich-menschlicher Intelligenz und künstlicher Intelligenz.[23] Die Bedeutung sprachlicher Begriffe, so Gabriel, wird im Alltag durch die Verwendung einfacherer Begriffe erklärt, die ihrerseits durch noch einfachere Begriffe bestimmt werden. So gelangen wir schlussendlich zu sprachlichen Atomen, deren Bedeutung nicht weiter erklärt werden kann. Deren Bedeutung wird von Menschen mit einem Denksinn erfasst, für den die Griechen die Bezeichnung Geist oder Intelligenz (*Nous*) verwenden. In dieser Hinsicht ist menschliche Intelligenz als Vernunft ein Wahrnehmungs- und Denksinn, den wir uns attestieren müssen, um Kontakt mit den semantischen Atomen aufzunehmen.

> „Menschen verstehen sprachliche Äußerungen stets in einem Kontext, den sie nicht selber sprachlich analysieren können und müssen, um zu begreifen, worum es geht. Das kann eine K.I. nicht selber leisten, sondern nur aus Daten erschließen, die bereits von Menschen vorverarbeitet wurden. Wie sollte auch eine Datenverarbeitung, die keinerlei Interesse an unseren menschlichen Lebensformen hat, ihre Umgebung so wahrnehmen wie wir?"[24]

Freilich lautet die entscheidende These, welche die kategoriale Unterscheidung von natürlicher und künstlicher Intelligenz in Frage stellt, dass alle Formen menschlichen Bewusstseins und menschlicher Intelligenz statt mit Neuronen auch mit Hilfe von elektronischen Schaltkreisen erzeugt werden können. Im

---

23 Gabriel, 2019.
24 Gabriel, 2019, 160.

Blick auf die Unterscheidung von natürlicher und künstlicher Intelligenz ist es somit unerheblich, ob neuronale Strukturen oder elektronische Schaltkreise Denkprozesse durchführen. Objekte und Denkprozesse verlieren ihre physische Konnotation. Zudem sind Systeme der KI lernende Systeme. Dies unterscheidet sie von allen bisherigen Technologien und konstituiert ihr enormes Potential zur Veränderung der Lebenswirklichkeit des Menschen. Auf diesem Hintergrund schreibt der Philosoph Luciano Floridi künstlichen Intelligenzen und den mit ihnen verbundenen Technologien eine Seinsmacht zur Reontologisierung der Welt zu, wenn er formuliert:

> „Es gibt keine Bezeichnung für diese neue radikale Konstruktionsform, sodass wir den Neologismus reontologisieren verwenden können, um deutlich zu machen, dass besagte Form ein System (z.B. ein Auto oder ein Artefakt) nicht bloß neu konfiguriert oder strukturiert, sondern eine grundlegende Verwandlung seiner intrinsischen Natur, das heißt seiner Ontologie herbeiführt. In diesem sind die KT nicht dabei, unsere Welt einfach nur zu rekonstruieren: Sie sind dabei, sie zu reontologisieren."[25]

Die Einschmelzung der Unterscheidung von natürlicher und künstlicher Intelligenz sowie die Bestimmung künstlicher Intelligenz als konstitutiver Seinsmacht haben zur Folge, dass der Intelligenzbegriff unterkomplex wird. Die Abkopplung von Denkprozessen von ihren physischen Trägern bzw. die Annahme, dass diese austauschbar sind, führt zu einer Entwertung des Körpers und der Leiblichkeit, die als reine Akzidentien des Daseins betrachtet werden. Allerdings spricht bisher nichts dafür, dass auch die komplexesten Softwaresysteme über Bewusstsein, über Leidens- und Empfindungsfähigkeit verfügen.[26]

Künstliche Intelligenz in theologischer Perspektive

Eine theologische Perspektive zur künstlichen Intelligenz setzt beim Verständnis der Welt als Schöpfung und des Menschen als Bild Gottes an, wie es im jüdischen und christlichen Glauben wahrgenommen und in den biblischen Traditionen überliefert wird. Die Welt und die Natur als Schöpfung wahrzunehmen, heißt zuerst, sie im Lichte einer fundamentalen Differenz von Schöpfer und Geschöpf zu interpretieren. Dabei ist der Mensch („Erdling", Gen 2,7) in den Naturzusammenhang eingegliedert und zugleich auf der Grundlage seiner kognitiven Beschaffenheit zur Weltgestaltung herausgefordert. Im Rahmen

---

25 Floridi, 2012, 13.
26 Wäre dies der Fall, müsste der weitere Umgang mit Ihnen streng reglementiert werden. Dazu Nida-Rümelin/Weidenfeld, 2018, 25f.

dieser spezifischen Beschaffenheit, dass er ein Etwas ist, das signifikant über die rein biologischen und genetischen Gegebenheiten hinausgeht, kann er auf spezifische Weise mit der Wirklichkeit interagieren. In seinem relational gegebenen Dasein kommen nicht ausschließlich externe Zwecke zur Geltung und als semantisch offenes Wesen versucht er sich selbst und seine Welt zu verstehen. Auf der Grundlage dieses Menschenbildes ist das Bekenntnis zu Gott als Schöpfer nicht der Hinweis auf einen transmundanen Ingenieur, Programmierer oder Hersteller. Wenn in einer besonders ausgezeichneten Nische aus überaus verhaltenen Anfängen und aus einer überschwänglichen Fülle von Gestalten ein Wesen entsteht, das nach sich selbst fragt, dann ist der Mensch ebenso so wenig wie andere Kreaturen das Machwerk eines göttlichen Konstrukteurs. Im Blick auf das Dasein und Sosein des Menschen und der Welt ist Gott als die Quelle und der Grund der Fülle von Möglichkeiten zu denken, der der Wirklichkeit der Welt wirkend gegenwärtig bleibt und die Menschen als entstehende, gestaltende, verantwortliche und vergehende Geschöpfe bejaht und sie in die Eigentlichkeit ihrer Existenz ruft.

Leibhafte Vernunft, Weisheit und Denksinn

Wenn wir von der kognitiven Beschaffenheit des Menschen sprechen, reden wir davon, dass es im Falle des Menschen möglich ist, von einem Etwas zu sprechen, dass auf der Basis seiner biologischen Verfasstheit über die rein biologischen und genetischen Gegebenheiten hinausgeht. Im neunten Kapitel des zwölften Buches seiner Metaphysik stellt sich Aristoteles die Frage, warum wir das Denken als eigentlichen Wert und die Denkfähigkeit als Spezifik menschlichen Daseins ansehen. Warum gilt es, um Aristoteles zu zitieren, geradezu als „das göttlichste aller Phänomene"[27]? Aristoteles kommt zu dem Schluss, dass unser Denken im Bestfall so beschaffen ist, dass es sich selber denkt. „Sich selber denkt er also, wenn er das Beste ist, und das Denken ist das Denken des Denkens."[28] Allerdings ist solches Denken des Denkens ein Vollzug von biologischen Lebewesen, oder wie Aristoteles formuliert: „Denn die Wirklichkeit des reinen Denkens ist Leben".[29]

Nun bieten die biblischen Literaturen der Theologie mit der jüdischen Weisheit eine Tradition, menschliche Wahrnehmungs-, Denk- und Entscheidungsprozesse in einem Geflecht von Bezügen leibhaft und körperbezogen zu

---

27 Aristoteles, 1970, 1074b,15f.
28 Aristoteles, 1970, 1074b,33–35.
29 Aristoteles, 1072a,26f.

verorten. Als Beispiel führe ich Proverbia 2,1–5 an: „*¹Mein Sohn, wenn du meine Worte annimmst und meine Gebote bei dir bewahrst, ²indem du leihst der Weisheit dein Ohr, dein Herz der Einsicht zuneigst, ³wenn du nach Verstand rufst, mit erhobener Stimme nach Einsicht, ⁴wenn du sie wie Silber suchst und wie nach Schätzen nach ihr forschst, ⁵dann verstehst du die Furcht JHWHs, und Erkenntnis Gottes findest du. ⁶Denn JHWH gibt Weisheit, aus seinem Mund kommen Erkenntnis und Einsicht.*" Der Angesprochene ist als Person und Individuum in unterschiedlichen Segmenten entfaltet und diese Entfaltungen sind wiederum wechselseitig aufeinander bezogen. Der Mensch als Person der hier beschriebenen Erkenntnisprozesse erscheint als Ohr, Herz, Stimme und vitales Selbst (*naefaesch*). In unterschiedlichen Ausdrucksweisen wird dabei eine Aktivität im Herbeirufen von Verstand und Einsicht (V3) und die rezeptive Aneignung sowie das Verknüpfen der Erkenntnismomente erwähnt, bei der das Ohr als Zugang zum Inneren des Menschen und das Herz als verknüpfender Verstand, Wille und Entscheidungskraft besonders genannt werden (V2). Der Mensch als Person existiert in dieser Entfaltung und Differenziertheit und wird dabei als Ganzes gedacht, er existiert, erkennt und denkt leibhaft eingebunden in soziale Bezüge und Rollen. Eine solchermaßen bestimmte leibhafte Form vernünftigen Denkens impliziert für die Denk- und Erkenntnisakte, dass diese nicht rein regelgeleitet und konstruierend verlaufen. Impliziert ist auch, dass der Mensch eine Einstellung zu sich selbst als denkendem Lebewesen hat. Menschliche Denkakte und ihre Inhalte (also die Gedanken) sind geschichtlich bestimmt und damit auch emotional gefärbt.

Im Vollzug der Denk- und Erkenntnisakte sind Personen auf Voreinstellungen und Vorannahmen angewiesen, die nicht im Wissensanspruch vollständig abgebildet werden können. Als Lebewesen sind Personen prinzipiell imstande, sich dieser Sachlage bewusst zu werden. Sie sind ebenso in der Lage, sich ein Bild der Vermögen der Subjektivität zu verschaffen, um auf diese Weise die Frage zu beantworten, warum sie eigentlich weder lediglich ein weiterer Einwohner des Tierreichs noch lediglich ein komplexer Materiehaufen sind.

Autonomie und Verantwortung

Künstliche Intelligenzen und die mit Ihnen verbundene Entwicklung von Expertensystemen, d.h. objektivierenden, berechnenden Instrumenten zur Entscheidungsvorbereitung, die rein instrumentell funktionieren, und sogenannte Autonome Systeme[30] stellen der menschlichen Vernunft Technologien

---

30 Hanson, 2017.

an die Seite, die sich von den bisher entwickelten Technologien qualitativ unterscheiden: Maschinen, die eigenständig lernen können und die in der Lage sind, selbstständig die sie leitenden Zwecke zu modifizieren. Von solchen Systemen der KI gilt in bestimmter Hinsicht auch, was man über menschliches Bewusstsein sagen kann, dass nämlich ihr innerer, verstehender Zustand von außen in direkter Weise unzugänglich ist. Solche Systeme könnten sich dann eigene Zwecke setzen und gesetzte Zwecke aufheben. Nun ist der Begriff Autonomie: αὐτός νόμος = Selbstgesetzgebung in der Neuzeit durch Kant geprägt, der ihn in seiner Grundlegung zur Metaphysik der Sitten mit dem Subjekt verbunden und festgestellt hat: „Denn Freiheit und eigene Gesetzgebung sind beides Autonomie, mithin Wechselbegriffe"[31]. Mit dem Gesetz ist freilich ein Gegenüber im Blick, das die Freiheit und Mündigkeit des Subjekts an eine Instanz bindet, die mit ihm in Wechselbeziehung zu treten vermag. Die Autonomie des freiheitlichen Subjekts bildet insofern gerade in der Wechselbeziehung von Freiheit und Gebundenheit an ein Gesetz einen unverzichtbaren Bestandteil seiner Bestimmung. Ohne den Aspekt der Gesetzgebung – oder des Bezugs zu einem dem Selbst vorgegebenen Gesetz – ist von Freiheit im Sinne der Selbstbestimmung Kants nicht auszugehen.

Damit erweist sich der Gedanke der Autonomie als komplex, aber auch als öffnungsfähig. Er ist nicht auf den menschlichen Handlungsvollzug zu reduzieren, sondern birgt die Möglichkeit verlängerter Umsetzungsspielräume in systemisch gesteuerte Prozessualisierungen. Denn mit dem Bezug der Freiheit zu und als Gesetzgebung wohnt dieser selbst eine Richtschnur inne, die sie an die Einhaltung der Gewährsregeln bindet. Als Autonomie ist die Freiheit wesentlich die Bindung an ein Gesetz. Bei Kant ist dies das Sittengesetz. Auch in biblischer Tradition und in theologischer Perspektive ist Autonomie als Freiheit die Bindung an ein Gesetz bzw. an die Gebote. Es ist freilich der Gottesbezug des Gesetzes und der Gebote, welche diese als lebensdienlich erweisen. Die Bindung an das Gesetz bleibt dann auch hier als Ausdruck der Freiheit bestehen, wenn auch der Glaube als rechtfertigender Glaube das Element einer Freiheit vom Gesetz in sich enthält.

An dieser Lebens-Dienlichkeit sich zu orientieren, ist denn auch das Anliegen einer Autonomie, die sich der Freiheit, Mündigkeit, Verantwortungsfähigkeit und Gerechtigkeit des Menschen verpflichtet sieht. Im Fall der sogenannten Autonomen Systeme als Systemen der KI kommt es zu tiefgreifenden

---

31 Kant, 1785, 11. Vgl. dazu Gräb-Schmidt, 2015.

Veränderungen in der Wahrnehmung von Selbstbestimmung und Freiheit. Die Autonomie, die im Subjekt Vernunft, Freiheit und Kreativität zusammengebunden hat, wird nun durch Externalisierung einem verwandelten αὐτός angeglichen, dem System künstlicher Intelligenz, der das Gesetz durch die Funktion ersetzt. Im selbstfahrenden Auto wie in der drohnengesteuerten Waffe verschmelzen sozusagen Gesetz und Funktion. Das Selbst ist nicht mehr rückgebunden an eine Freiheit, die sich selbst noch einmal Rechenschaft zu geben und zur Rechenschaft gezogen weiß gegenüber dem System, sondern dieses αὐτός bemisst sich jetzt allein an der Funktionstüchtigkeit dieses Systems. Der Wandel vom Gesetz zur Funktion impliziert damit einen solchen vom Selbst zum System unter Ausschluss der Rückbindung freiheitlicher Kreativität an ein ihr Anderes, an dem diese ihre kritischen und konstruktiven Impulse gewinnen konnte.

Es ist das Kennzeichen von Ethik, die Freiheit als relationalen Begriff zu betrachten, der sich in Verantwortung verschiedenen Instanzen gegenüber verpflichtet weiß, klassisch den Instanzen des Selbst, der Welt, sowie den Voraussetzungsbedingungen von Selbst und Welt. Die Autonomie eines autonomen Systems hat dieses Beziehungsgefüge nicht. In Verlängerung binärer Muster wird das Prinzip der Funktion zum kriteriologischen Maßstab, der das Prinzip Verantwortung ersetzt oder bestenfalls delegiert. Es kann allerdings nicht von ihm selbst übernommen werden. Selbst wenn man im Zuge des emotional turns künstlicher Intelligenz Gefühle implementieren oder technisch angedeihen lässt, werden diese nicht aus dem Modus der Steuerung in den der Verantwortung überführt werden können. Denn für diesen Modus der Verantwortung sind zwei Aspekte unhintergehbar: das Endlichkeitsbewusstsein des Subjekts ebenso wie sein Ursprungsbewusstsein. Beides entzieht sich der Simulierbarkeit und technischen Machbarkeit der künstlichen Systeme.

Autonomie kann daher nicht das Abgeben von menschlicher Freiheit und Verantwortung an ein externes System bedeuten, sondern nur das Auslagern der Funktionsregeln unter Beibehaltung von deren verantwortlicher Steuerung. M.E. sind hier die qualifizierten ethischen Entscheidungen mit einer Tragweite, die menschliches Leben direkt betreffen, besonders im Blick zu behalten, denn hier spielen nicht formalisierbare Entscheidungen über die Bedeutung von Leben und Menschsein die entscheidende Rolle. Dazu gehört beispielsweise das Abschalten einer Herz-Lungen-Maschine.

Gestaltung und Unterbrechung in der Interaktion von Menschen und Wirklichkeit

In anthropologisch-theologischer Perspektive ist der Mensch als semantisch offenes Wesen zu bestimmen, der sich selbst und seine Welt zu verstehen versucht und als relationales Wesen existiert. Seine spezifische kognitive Beschaffenheit erlaubt es der menschlichen Spezies und erfordert es von ihr, sprachlich und kulturell mit der Wirklichkeit zu interagieren. Der Mensch interagiert durch das Werk seiner Hände und durch technologische Artefakte interessengeleitet und zielgerichtet mit der Wirklichkeit der Welt. Eine Interaktion mit Systemen künstlicher Intelligenz als Interagieren des Menschen mit der Wirklichkeit der Welt kann nicht die Interaktion zwischen Menschen ersetzen. Das ist etwa beim Einsatz von Pflegerobotern zu beachten.

Zur Interaktion von Menschen und Wirklichkeit gehört in theologischer Perspektive freilich auch das Moment der Unterbrechung[32]. Unterbrechung im Blick auf den Gebrauch technologischer Artefakte meint die schlichte und folgenreiche Frage: „Wozu?" zu stellen und damit die Überlegung anzustellen, ob das sein muss, was sein kann. Dem Glauben und der Theologie geht es um Dimensionen geschöpflichen Lebens und menschlichen Daseins, die nicht instrumentalisierbar, formalisierbar und konstruierbar sind und doch fundamental für menschliches Leben. Sie lassen sich mit Johannes Fischer folgendermaßen bestimmen: „Sympathie, Vertrauen, wechselseitige Achtung und Anerkennung, Freundlichkeit, Gütigkeit, oder, im Kontext christlicher Glaubenskommunikation, Liebe oder Barmherzigkeit."[33] Theologisches Nachdenken reflektiert und kommuniziert solche Dimensionen menschlichen Lebens in dessen Interaktion mit der Wirklichkeit der Welt. Theologisches Nachdenken vermag, so der katholische Dogmatiker Francesco Brancato, „den Menschen auf sein Jenseits hin zu öffnen und ihm in Jesus von Nazareth den beispielhaften Menschen vor Augen zu halten: den Einzigen, der dem Menschen den Menschen kundtun kann. Denn er ist insofern der eschatos Adam, als er den Menschen in seine Zukunft einführt"[34].

---

32 Jüngel, 2003,
33 Fischer, 1994, 496.
34 Brancato, 2008, 17.

Literaturverzeichnis

Aristoteles, Metaphysik. Schriften zur Ersten Philosophie, Stuttgart 1970.

Aristoteles, Über die Seele. Griechisch/Deutsch, Stuttgart 2011.

Benanti, Paolo, La conditione tecno-umana. Domande di senso nell'era della tecnologia, Bologna 2016.

Benanti, Paolo, Künstliche Intelligenzen, Roboter, biomedizinische Technik und Cyborgs: Neue theologische Herausforderungen? Concilium 55, 3/2019, 267–279. DOI 10.14623/CON.2019.3.267-279.

Brancato, Francesco, Creazione ed evoluzione. Il pensiero di Joseph Ratzinger, Synaxis XXVI/3 (2008), 5–19.

Brendel, Oliver, Die Moral in der Maschine, Beiträge zu Roboter- und Maschinenethik, Hannover 2016.

Brooks, Richard A, Intelligence without Representation, Artifical Intelligenz, Volume 47, Issues 1–3, January 1991, 139–159. Doi.org/10.1016/0004-3702(91)90053-M.

Evers, Dirk, Der Mensch als Turing-Maschine? Die Frage nach der künstlichen Intelligenz in philosophischer und theologischer Perspektive, NZSTh 47 (2005), 101–108.

Herms, Eilert, Künstliche Intelligenz, in: Ders., Gesellschaft gestalten. Beiträge zur evangelischen Sozialethik, Tübingen 1991, 284–295.

Fischer, Johannes, Pluralismus, Wahrheit und die Krise der Dogmatik, ZThK 91 (1994), 487–539.

Floridi, Luciano, La rivoluzione dell'informazione, Turin 2012.

Gabriel, Markus, Der Sinn des Denkens, 2. Aufl. Berlin 2019.

Göcke, Benedikt Paul, Die Ideale der Menschheit im Lichte von synthetischer Biologie und künstlicher Intelligenz, Concilium 55 (3/2019), 259–266. DOI 10.14623/CON.2019.3.259-266.

Göcke, Benedikt Paul/Meier-Hamidi, Frank (Hrsg.), Designobjekt Mensch. Der Transhumanismus auf dem Prüfstand, Freiburg i. Br. 2018.

Gödel, Kurt, Über formal unentscheidbare Sätze der Principia Mathematica und verwandter Systeme, Monatshefte für Mathematik und Physik (Wien), Band 38, Nr. 1, 1931, 173–198.

Gödel, Kurt, The modern development of the foundations of mathematics in the light of philosophy (1961), in: Ders., Collected Works, vol. III, hrsg. v. Feferman, Solomon, New York/Oxford 1995, 372–387.

Goodwell, Ian/Bengio, Yoshua/Courville, Aaton, Deep Learning, Frechen 2016.

Gräb-Schmidt, Elisabeth, Autonome Systeme. Autonomie im Spiegel menschlicher Freiheit und ihrer technischen Errungenschaften, ZEE (Gütersloh) 59 (2/2015), 163–170.

Hanson, Robert, Die Age of Em. Work, Love and Lives when Robots Rule the Earth, Oxford 2017.

Haugeland, John (Hg.), Philosophy, Psychology, and Artificial Intelligence, London 1997.

Jüngel, Eberhard, Wertlose Wahrheit. Christliche Wahrheitserfahrungen im Streit gegen die >Tyrannei der Werte<, in: Ders., Wertlose Wahrheit. Zur Identität und Relevanz des christlichen Glaubens, 2. Aufl. Tübingen 2003.

Kant, Immanuel, Kritik der reinen Vernunft (1781), Werkausgabe in zwölf Bänden, Suhrkamp, Bd. 3. Frankfurt a.M. 1974.

Kant, Immanuel, Grundlegung der Metaphysik der Sitten (1785), Werkausgabe in zwölf Bänden, Bd. 7, Frankfurt a.M. 1977.

Krüger, Malte D., Die Realismus-Debatte und die Hermeneutische Theologie, in: Gabriel, M./Krüger, M.D. (Hg.), Was ist Wirklichkeit? Neuer Realismus und Hermeneutische Theologie, Tübingen 2018, 17–62.

Lenzen, Manuela, Künstliche Intelligenz. Was sie kann und was uns erwartet, München 2018.

Marquard, Manuela, Anthropomorphisierung in der Mensch-Roboter Interaktionsforschung: theoretische Zugänge und soziologisches Anschlusspotential, Berlin 2017.

Metzinger, Thomas, Subjekt und Selbstmodell. Die Perspektivität phänomenalen Bewusstseins vor dem Hintergrund einer naturalistischen Theorie mentaler Repräsentation, 2. Aufl. Paderborn 1999.

Moravec, Hans, Computer übernehmen die Macht. Vom Siegeszug der künstlichen Intelligenz, Hamburg 1999.

Nagel, Ernest/Newmann, James R., Der Gödelsche Beweis, 7. Aufl. Oldenburg 2003.

Nida-Rümelin, Julian/Weidenfeld, Nathalie, Digitaler Humanismus. Eine Ethik für das Zeitalter der Künstlichen Intelligenz, München 2018.

Ramge, Thomas. *Mensch und Maschine: Wie künstliche Intelligenz und Roboter unser Leben verändern.* Unter Mitarbeit von Dinara Galieva. 6. durchgesehene Auflage. Was bedeutet das alles? Nr. 19499. Ditzingen, Altusried-Krugzell 2019.

Turing, Alan M. (1987): On computable numbers, with an application to the Entscheidungsproblem (1937), in: Intelligence service; Schriften Alan M. Turing, hrsg. v. Dotzler, B./Kittler, Fr., Berlin 1987, 18–60.

Autorenverzeichnis

Ulrike Barthelmeß, geboren 1952, hat in München und Toulouse Germanistik und Romanistik studiert. In Toulouse unterrichtete sie Deutsch als Fremdsprache und war als Übersetzerin tätig. In Deutschland unterrichtete sie an Gymnasien Deutsch und Französisch und an der Universität Koblenz-Landau war sie in einem Forschungsprojekt zur Kognition angestellt. Gemeinsam mit Ulrich Fuhrbach hat sie das Buch veröffentlicht: „Künstliche Intelligenz aus ungewohnten Perspektiven. Ein Rundgang mit Bergson, Proust und Nabokov" (2019).

Ulrich Fuhrbach, geboren 1948, Prof. Dr., Professor Emeritus für Informatik an der Universität Koblenz-Landau. Zu seinen Forschungsgebieten und Forschungsinteressen gehören: Deduktion und Automatisches Schließen, Wissensrepräsentation, Disjunktive Logikprogrammierung, Deduktionssysteme und Künstliche Intelligenz. Zahlreiche Publikationen, auch zur KI, u.a., gemeinsam mit Ulrike Barthelmeß: „Künstliche Intelligenz aus ungewohnten Perspektiven. Ein Rundgang mit Bergson, Proust und Nabokov" (2019).

Markus Iff, geboren 1964, Prof. Dr. theol., Professor für Systematische Theologie und Ökumenik an der Theologischen Hochschule Ewersbach. Seine Forschungsgebiete und Publikationen umfassen: Theologische Anthropologie, Schöpfungstheologie in dogmatischer und ethischer Perspektive, Wissenschaftstheorie, Religionsphilosophie und Religionstheologien des 19. Jahrhunderts. Stellvertretender Vorsitzender und Kuratoriumsmitglied der Karl-Heim-Gesellschaft.

Andreas Losch, geboren 1972, Dr. theol., MBA, hat sich auf das Gespräch der Theologie mit Naturwissenschaften und Philosophie spezialisiert. Losch forscht an der Universität Bern zu einer „Ethik der Planetaren Nachhaltigkeit" und ist Mitglied des Center of Theological Inquiry (CTI) in Princeton/USA; er ist ebenfalls assoziiert mit der Theol. Fakultät der Universität Pretoria, Mitglied des Councils der European Society for the Study of Science and Theology (ESSSAT) und Kuratoriumsmitglied der Karl Heim Gesellschaft. Zudem ist er Chefredakteur der Themenseite www.theologie-naturwissenschaft.info.

Wolfgang Mack, geboren 1961, Prof. Dr., Universitätsprofessor für Allgemeine Psychologie an der Universität der Bundeswehr München. Forschungsschwerpunkte: Handlungsgedächtnis, Gedächtnisstörungen, Handlungspsychologie; Numerische Kognition; Philosophische Probleme der Psychologie (philosophy of mind, Theoretische Psychologie). Zahlreiche Publikationen zur Gedächtnispsychologie, zur Numerischen Kognition und zur Psychologie im Kontext von Grenzbereichen zur Philosophie, Problemgeschichte, Sozialität und Sprache.

Klaus Mainzer, geboren 1947, Prof. Dr., Professor Emeritus an der Technischen Universität München; seit 2019 Seniorprofessor am Carl Friedrich von Weizsäcker Center der Eberhard Karls Universität Tübingen. Forschungsschwerpunkte: Grundlagenforschung, Komplexitäts- und Berechenbarkeitstheorie, Künstliche Intelligenz, Wissenschafts- und Technikphilosophie, Zukunftsfragen der technisch-wissenschaftlichen Welt. Mitglied der Academy of Europe (Academia Europaea), der Europäischen Akademie der Wissenschaften und Künste und der Deutschen Akademie der Technikwissenschaften. Zahlreiche Publikationen zu Grundlagen- und Wissenschaftstheorie, zu Robotik und Künstlicher Intelligenz, u.a. „Die Berechenbarkeit der Welt. Von der Weltformel zu Big Data" (München 2014).

Heribert Vollmer, geboren 1964, Prof. Dr. rer.nat., Professor für Theoretische Informatik und geschäftsführender Leiter des Instituts für Theoretische Informatik an der Leibniz Universität in Hannover. Forschungsschwerpunkte: Logik, Philosophie und Wissenschaftstheorie. U.a. Autor des Lehrbuchs „Introduction to Circuit Complexity" (1999). Zahlreiche Publikationen zu Themengebieten der theoretischen Informatik, zur Geschichte der Logik und philosophischen Fragen aus dem Themengebiet Geist und Intelligenz bei Mensch und Maschine.